ARJ21新支线飞机技术系列

主编 郭博智 陈 勇

支线飞机动力装置系统设计与验证

Design and Verification of Powerplant System for Regional Aircraft

常 红 周宇穗 等 编著

上海交通大学出版社
SHANGHAI JIAO TONG UNIVERSITY PRESS

大飞机读者俱乐部

内容提要

本书动力装置系统包含支线飞机动力装置、燃油系统、防火系统和辅助动力装置(APU)系统以及全机防火的设计和验证技术。简而言之,动力装置的设计应表明在各种飞机可能的工况下,可为飞机提供所需正反推力。燃油系统的设计应表明在各种可能工况下,可为发动机提供持续压力和流量的燃油。防火系统的设计应表明在预期的过热、烟雾或着火灾害下,可为飞机防护区域提供有效告警和灭火措施。辅助动力装置系统的设计应表明在预期工作包线范围内,可为飞机提供所需电源、气源,为发动机提供引气。

本书阐述了这4个系统在型号验证过程的设计考虑、适航条款要求和符合性验证方法,并对设计和验证过程中的关键技术和创新点进行了归纳和总结。

本书可供高等院校、科研院所以及从事民用飞机设计行业的科技工作者与工程技术人员使用,也可供民用飞机研制兴趣爱好者参考。

图书在版编目(CIP)数据

支线飞机动力装置系统设计与验证/常红等编著. —上海:上海交通大学出版社,2019

大飞机出版工程

ISBN 978 - 7 - 313 - 18554 - 9

Ⅰ.①支… Ⅱ.①常… Ⅲ.①飞机-动力装置-设计 Ⅳ.①V228

中国版本图书馆 CIP 数据核字(2017)第 307718 号

支线飞机动力装置系统设计与验证

编　著:常　红　周宇穗　等					
出版发行:上海交通大学出版社			地　　址:上海市番禺路 951 号		
邮政编码:200030			电　　话:021 - 64071208		
印　制:苏州市越洋印刷有限公司			经　　销:全国新华书店		
开　本:710mm×1000mm　1/16			印　　张:15.5		
字　数:294 千字					
版　次:2019 年 2 月第 1 版			印　　次:2019 年 2 月第 1 次印刷		
书　号:ISBN 978 - 7 - 313 - 18554 - 9/V					
定　价:138.00 元					

大飞机出版工程

丛书编委会

总主编

顾诵芬（中国航空工业集团公司科技委原副主任、中国科学院和中国工程院院士）

副总主编

贺东风（中国商用飞机有限责任公司董事长）

林忠钦（上海交通大学校长、中国工程院院士）

编 委 会（按姓氏笔画排序）

王礼恒（中国航天科技集团公司科技委主任、中国工程院院士）

王宗光（上海交通大学原党委书记、教授）

刘 洪（上海交通大学航空航天学院副院长、教授）

任 和（中国商飞上海飞机客户服务公司副总工程师、教授）

李 明（中国航空工业集团沈阳飞机设计研究所科技委委员、中国工程院院士）

吴光辉（中国商用飞机有限责任公司副总经理、总设计师、中国工程院院士）

汪 海（上海市航空材料与结构检测中心主任、研究员）

张卫红（西北工业大学副校长、教授）

张新国（中国航空工业集团副总经理、研究员）

陈 勇（中国商用飞机有限责任公司工程总师、ARJ21飞机总设计师、研究员）

陈迎春（中国商用飞机有限责任公司CR929飞机总设计师、研究员）

陈宗基（北京航空航天大学自动化科学与电气工程学院教授）

陈懋章（北京航空航天大学能源与动力工程学院教授、中国工程院院士）

金德琨（中国航空工业集团公司原科技委委员、研究员）

赵越让（中国商用飞机有限责任公司总经理、研究员）

姜丽萍（中国商用飞机有限责任公司制造总师、研究员）

曹春晓（中国航空工业集团北京航空材料研究院研究员、中国工程院院士）

敬忠良（上海交通大学航空航天学院常务副院长、教授）

傅 山（上海交通大学电子信息与电气工程学院研究员）

ARJ21新支线飞机技术系列

编　委　会

总　　序

　　国务院在 2007 年 2 月底批准了大型飞机研制重大科技专项正式立项,得到全国上下各方面的关注。"大型飞机"工程项目作为创新型国家的标志工程重新燃起我们国家和人民共同承载着"航空报国梦"的巨大热情。对于所有从事航空事业的工作者,这是历史赋予的使命和挑战。

　　1903 年 12 月 17 日,美国莱特兄弟制作的世界第一架有动力、可操纵、比重大于空气的载人飞行器试飞成功,标志着人类飞行的梦想变成了现实。飞机作为 20 世纪最重大的科技成果之一,是人类科技创新能力与工业化生产形式相结合的产物,也是现代科学技术的集大成者。军事和民生对飞机的需求促进了飞机迅速而不间断的发展和应用,体现了当代科学技术的最新成果;而航空领域的持续探索和不断创新,为诸多学科的发展和相关技术的突破提供了强劲动力。航空工业已经成为知识密集、技术密集、高附加值、低消耗的产业。

　　从大型飞机工程项目开始论证到确定为《国家中长期科学和技术发展规划纲要》的十六个重大专项之一,直至立项通过,不仅使全国上下重视我国自主航空事业,而且使我们的人民、政府理解了我国航空事业半个世纪发展的艰辛和成绩。大型飞机重大专项正式立项和启动使我们的民用航空进入新纪元。经过 50 多年的风雨历程,当今中国的航空工业已经步入了科学、理性的发展轨道。大型客机项目其产业链长、辐射面宽、对国家综合实力带动性强,在国民经济发展和科学技术进步中发挥着重要作用,我国的航空工业迎来了新的发展机遇。

　　大型飞机的研制承载着中国几代航空人的梦想,在 2016 年造出与波音中国的

B737和空客公司A320改进型一样先进的"国产大飞机"已经成为每个航空人心中奋斗的目标。然而,大型飞机覆盖了机械、电子、材料、冶金、仪器仪表、化工等几乎所有工业门类,集成数学、空气动力学、材料学、人机工程学、自动控制学等多种学科,是一个复杂的科技创新系统。为了迎接新形势下理论、技术和工程等方面的严峻挑战,迫切需要引入、借鉴国外的优秀出版物和数据资料,总结、巩固我们的经验和成果,编著一套以"大飞机"为主题的丛书,借以推动服务"大型飞机"作为推动服务整个航空科学的切入点,同时对于促进我国航空事业的发展和加快航空紧缺人才的培养,具有十分重要的现实意义和深远的历史意义。

2008年5月,中国商用飞机有限公司成立之初,上海交通大学出版社就开始酝酿"大飞机出版工程",这是一项非常适合"大飞机"研制工作时宜的事业。新中国第一位飞机设计宗师——徐舜寿同志在领导我们研制中国第一架喷气式歼击教练机——歼教1时,亲自撰写了《飞机性能及算法》,及时编译了第一部《英汉航空工程名词字典》,翻译出版了《飞机构造学》《飞机强度学》,从理论上保证我们飞机研制工作。我本人作为航空事业发展50年的见证人,欣然接受上海交通大学出版社的邀请担任该丛书的主编,希望为我国的"大型飞机"研制发展出一份力。出版社同时也邀请了王礼恒院士、金德琨研究员、吴光辉总设计师、陈迎春副总设计师等航空领域专家撰写专著、精选书目,承担翻译、审校等工作,以确保这套"大飞机"丛书具有高品质和重大的社会价值,为我国的大飞机研制以及学科发展提供参考和智力支持。

编著这套丛书,一是总结整理50多年来航空科学技术的重要成果及宝贵经验;二是优化航空专业技术教材体系,为飞机设计技术人员培养提供一套系统、全面的教科书,满足人才培养对教材的迫切需求;三是为大飞机研制提供有力的技术保障;四是将许多专家、教授、学者广博的学识见解和丰富的实践经验总结继承下来,旨在从系统性、完整性和实用性角度出发,把丰富的实践经验进一步理论化、科学化,形成具有我国特色的"大飞机"理论与实践相结合的知识体系。

"大飞机"丛书主要涵盖了总体气动、航空发动机、结构强度、航电、制造等专业方向,知识领域覆盖我国国产大飞机的关键技术。图书类别分为译著、专著、教材、工具书等几个模块;其内容既包括领域内专家们最先进的理论方法和技术成果,也包括来自飞机设计第一线的理论和实践成果。如:2009 年出版的荷兰原福克飞机公司总师撰写的 *Aerodynamic Design of Transport Aircraft*(《运输类飞机的空气动力设计》),由美国堪萨斯大学 2008 年出版的 *Aircraft Propulsion*(《飞机推进》)等国外最新科技的结晶;国内《民用飞机总体设计》等总体阐述之作和《涡量动力学》《民用飞机气动设计》等专业细分的著作;也有《民机设计 1000 问》《英汉航空双向词典》等工具类图书。

　　该套图书得到国家出版基金资助,体现了国家对"大型飞机项目"以及"大飞机出版工程"这套丛书的高度重视。这套丛书承担着记载与弘扬科技成就、积累和传播科技知识的使命,凝结了国内外航空领域专业人士的智慧和成果,具有较强的系统性、完整性、实用性和技术前瞻性,既可作为实际工作指导用书,亦可作为相关专业人员的学习参考用书。期望这套丛书能够有益于航空领域里人才的培养,有益于航空工业的发展,有益于大飞机的成功研制。同时,希望能为大飞机工程吸引更多的读者来关心航空、支持航空和热爱航空,并投身于中国航空事业做出一点贡献。

2009 年 12 月 15 日

序

民用飞机产业是大国的战略性产业。民用客机作为一款高附加值的商品,是拉动国家经济发展的重要力量,是体现大国经济和科技实力的重要名片,在产业和科技上具有强大的带动作用。

自新中国成立以来,中国民机产业先后成功地研制了 Y-7 系列涡桨支线客机和 Y-12 系列涡桨小型客机等民用飞机。在民用喷气客机领域,曾经在 20 世纪 70 年代自行研制了运-10 飞机,国际合作论证了 MPC-75、AE-100 等民用客机,合作生产了 MD-80 和 MD-90 飞机。民机制造业转包生产国外民机部件,但始终没有成功研制一款投入商业运营的民用喷气客机。

支线航空发展迫在眉睫。2002 年 2 月,确定了开展新支线飞机的研制,按照市场机制发展民机,并于 11 月 17 日启动 ARJ21 新支线飞机项目,意为“面向 21 世纪的先进涡扇支线飞机(Advanced Regional Jet for the 21st Century)”。从此,中国民机产业走上了市场机制下的自主创新之路。

ARJ21 作为我国民机历史上第一款按照国际通用适航标准全新研制的民用客机,承担着中国民机产业先行者和探路人的角色。跨越十六年的研制、取证和交付运营过程,经历的每一个研制阶段,解决的每一个设计、试验和试飞技术问题,都是一次全新的探索。经过十五年的摸索实践,ARJ21 按照民用飞机的市场定位打通了全新研制、适航取证、批量生产和客户服务的全业务流程,突破并积累了喷气客机全寿命的研发技术、适航技术和客户服务技术,建立了中国民机产业技术体系和产业链,为后续大型客机的研制打下了坚实的基础。

习近平总书记考察中国商飞公司时要求改变"造不如买、买不如租"的逻辑,坚持民机制造事业"不以难易论进退",在 ARJ21 取证后要求"继续弘扬航空报国精神,总结经验、迎难而上"。马凯副总理 2014 年 12 月 30 日考察 ARJ21 飞机时,指出,"要把 ARJ21 新支线飞机项目研制和审定经验作为一笔宝贵财富认真总结推广"。工信部副部长苏波指出:"要认真总结经验教训,做好积累,形成规范和手册,指导 C919 和后续大型民用飞机的发展。"

编著这套书,一是经验总结,总结整理 2002 年以来 ARJ21 飞机研制历程中设计、取证和交付各阶段开创性的重要成果及宝贵经验;二是技术传承,将民机研发技术专家、教授、学者广博的学识见解和丰富的实践经验总结继承下来,把丰富的实践经验进一步理论化、科学化,形成具有我国特色的民机理论与实践相结合的知识体系,为飞机设计技术人员提供参考和学习的材料;三是指导保障,为大飞机研制提供有力的技术保障。

丛书主要包括了项目研制历程、研制技术体系、研制关键技术、市场研究技术、适航技术、运行支持系统、关键系统研制和取证技术、试飞取证技术等分册的内容。本丛书结合了 ARJ21 的研制和发展,探讨了支线飞机市场技术要求、政府监管和适航条例、飞机总体、结构和系统关键技术、客户服务体系、研发工具和流程等方面的内容。由于民用飞机适航和运营要求是统一的标准,在技术上具有高度的相似性和相关性,因此 ARJ21 在飞机研发技术、适航验证和运营符合性等方面取得的经验,可以直接应用于后续的民用飞机研制。

ARJ21 新支线飞机的研制过程是对中国民机产业发展道路成功的探索,不仅开发出一个型号,而且成功地锤炼了研制队伍。参与本套丛书撰写的专家均是 ARJ21 研制团队的核心人员,在 ARJ21 新支线飞机的研制过程中积累了丰富且宝贵的实践经验和科研成果。丛书的撰写是对研制成果和实践经验的一次阶段性的梳理和提炼。

ARJ21 交付运营后,在飞机的持续适航、可靠性、使用维护和经济性等方面,继续经受着市场和客户的双重考验,并且与国际主流民用飞机开始同台竞技,因此需要针对运营中间发现的问题进行持续改进,最终把 ARJ21 飞机打造成为一款航空公司愿意用、飞行员愿意飞、旅客愿意坐的精品。

ARJ21是"中国大飞机事业万里长征的第一步",通过ARJ21的探索和积累,中国的民机产业会进入一条快车道,在不远的将来,中国民机将成为彰显中国实力的新名片。ARJ21将继续肩负着的三大历史使命前行,一是作为中国民机产业的探路者,为中国民机产业探索全寿命、全业务和全产业的经验;二是建立和完善民机适航体系,包括初始适航、批产及证后管理、持续适航和运营支持体系等,通过中美适航当局审查,建立中美在FAR/CCAR-25部大型客机的适航双边,最终取得FAA适航证;三是打造一款具有国际竞争力的喷气支线客机,填补国内空白、实现技术成功、市场成功、商业成功。

这套丛书获得2017年度国家出版基金的支持,表明了国家对"ARJ21新支线飞机"的高度重视。这套书作为上海交通大学出版社"大飞机出版工程"的一部分,希望该套图书的出版能够达到预期的编著目标。在此,我代表编委会衷心感谢直接或间接参与本系列图书撰写和审校工作的专家和学者,衷心感谢为此套丛书默默耕耘三年之久的上海交通大学出版社"大飞机出版工程"项目组,希望本系列图书能为我国在研型号和后续型号的研制提供智力支持和文献参考!

ARJ21 总设计师

2017 年 9 月

前　　言

拥有自主知识产权的民用飞机是中国几代航空人的梦想。

ARJ21 新支线飞机自 2002 年立项以来,于 2014 年完成了适航验证,通过 CAAC 审查获得了型号合格证,研制历时 12 年。2015 年投入航线运营,2017 年通过 CAAC 审查获得了生产许可证,意味着可以批量生产飞机,来满足更多航线运营的需求。项目研制任务历经 ACAC 中航飞机公司、上海飞机设计研究所、航空工业第一飞机设计研究院、中国商飞上海飞机设计研究院,数千名飞机设计工程师为之付出了无数的心血和汗水。ARJ21 飞机的研制,开创了中国民用飞机设计和验证的先河。它是严格按照 CCAR25 部即《运输类飞机适航标准》、在 CAAC 审查和 FAA 影子审查下、首次完成完整验证的民用支线飞机。CCAR25 部是具有国际同等标准的适航标准和程序。ARJ21 飞机在设计体系、程序方法、验证技术等方面有诸多创新,非常有必要对其设计和验证过程进行总结。

CCAR25 部是中国民用运输类飞机的适航标准,对民用飞机的研制程序、飞机和系统的设计及验证提出了最低安全水平要求。

ARJ21 飞机遵循 CCAR25 设计标准,满足适用条款共计 339 条。动力装置、燃油系统、防火系统和辅助动力装置系统这四个系统主要满足 CCAR25 部 E 分部要求以及 D 分部关于货舱防火安全、可燃液体防火安全要求,涉及 139 条适航条款,占 ARJ21 飞机适用条款三分之一。

本书是"大飞机出版工程·ARJ21 新支线飞机技术系列"丛书之一。此书由中国商用飞机有限责任公司上海飞机设计研究院动力燃油设计研究部组织编写,上海交通大学出版社负责出版发行。期望本书的出版,有益于从事民用飞机设计人才培养,有助于其他飞机型号设计,有利于民用飞机设计发展。

本书由常红和周宇穗主持编写,汇集项目研制各阶段的工程设计人员的心血和经验,各分册和主要章节的主要编写人员如下:

动力装置由周雷声和马向东负责统稿。各章节编写人员有马向东、周雷声、华振、马建、郑辰、束家熠、赵强、颜颜、何必海、尚洋、李婧、田宏星、朱岩、缪国君、隋杰飞、郎振。

燃油系统由宋志强和龚昊负责统稿。各章节编写人员有卞刚、刘德刚、宋志强、管天麟、朱德轩、张斌、郭军亮、葛锐、熊晋、岳鹏、毛文懿。

辅助动力装置(APU)系统由王栋和章弘负责统稿。各章节编写人员有章弘、李博、赵振可、王晗、张发富、陈鞲、蓝天、王栋。

防火系统由王晓伟和安凤林负责统稿。各章节编写人员有程书山、陈彦伟、汪凌飞、寇鸿飞、郑加伟、窦欣、于水、王晓伟。

全书最后由常红、周宇穗负责统校和审定。

本书对支线飞机这4个系统的研制技术从需求梳理、设计、验证和技术创新等几个方面进行了总结，鉴于篇幅，并未涉及研制过程具体的设计细节和方法。实际上，行业实践的精华远远多于书面的总结。因此，也对曾经参与设计工作的、正在参与设计工作的、付出辛勤汗水、努力和智慧的科研工作者们表达敬意。

在本书编写过程中，得到了中国商飞公司和上海飞机设计研究院各级领导的大力支持和悉心指导，上海交通大学出版社编辑团队给予了大力帮助。在此，对他们的支持和帮助表示衷心的感谢。

在本书编写过程中，力求叙述完整、严谨准确和通俗易懂，但由于各位编者经历和实践差异以及水平有限，书中存在的不妥之处敬请读者批评指正。

编著者

2017 年 10 月

目　　录

1 绪　　论

　　本书对支线飞机动力装置系统的设计与验证工作进行了说明和总结。文中动力装置系统，包含了动力装置、燃油系统、防火系统、APU系统和全机防火系统。

　　随着民用航空市场的蓬勃发展，国产民用飞机研制和生产需求日渐紧迫。2000年国产支线飞机项目筹备组成立，论证国产支线飞机必要性和可行性，2003年国家批准了国产大飞机立项，ARJ21飞机项目正式启动。组建的研制队伍克服了技术、管理和人员困难，经历了设计责任主体变更、研制人员更迭的困难，在国外适航规章要求收紧的压力下，在CAAC严格审查和FAA影子审查监督下，ARJ21-700飞机于2014年12月完成项目取证，获得了型号合格证。

　　ARJ21项目采用主制造商-供应商模式，历经民用飞机设计、制造、试验、试飞、适航验证全过程，遵循国际适航标准的适航要求，在国际标准的适航审查程序下，开创性地完成了国产民用支线飞机研制。

　　ARJ21-700飞机动力装置系统的研制，即动力装置、APU系统、燃油系统和防火系统的设计和验证工作，包括了适航条款研究及捕获市场和适航规章需求；对需求进行分解；按需求开展集成设计，遵循国际标准民用飞机研制流程；遵照适航规章和咨询通告等要求，在局方审查下完成符合性验证。

　　动力装置系统研制不仅在设计之初就要考虑适航要求、系统功能和性能指标要求；在各研制阶段，还进行了系统安全性分析、可靠性分析、维修性分析。在适航验证阶段，结合系统构型特点，开创性、创新性地完成了系统验证，所包含的技术难点和创新点简单列举如下。

　　国内首次采用了民用机动力装置全权限数字交联集成控制和状态监控技术，即国内首次采用集成设计全权数字式发动机控制装置（FADEC）和反推控制技术，与航电系统进行交联和状态监控。在国内首次开展飞行中动力装置推力确定试验，从部件模型到台架推力修正，再到飞行安装推力修正工作。该项技术属于国际领先水平。国内首次开展自然结冰条件下发动机风扇冰积聚脱落验证技术，该项工作是以国际咨询通告为基础，按照自主研发的地面和飞行验证方法，通过了适航验证。

国内首次按照最新适航规章要求开展民机燃油箱防爆设计与验证技术,对民机燃油箱点火源防护、燃油箱区域安全性、燃油箱可燃性进行了充分的研究、分析与验证,该项技术与国际水平相当。国内首次按照适航规章要求完成燃油系统结冰试验,掌握了民机燃油系统结冰试验技术。国内首次对机身内的燃油导管进行了适坠性设计,按照适航要求开展了可生存坠撞动力学仿真分析,获得了局方批准。在国际上首次开展了双层金属燃油导管断头台试验,表明金属管和软管均可满足适坠性要求,该项技术属于国际领先水平。国内首次按照 SAE 标准开展燃油箱及相关系统闪电试验,对金属结构油箱内闪电防护特性进行了研究。

国内首次按照 APU 适用规章完成了辅助动力装置系统集成设计,包括对 APU 装置安装后的性能、进气特性、APU 舱通风冷却、排液进行设计和验证。

国内首次按照适航条款要求开展完整的民机防火系统集成设计,包括对客舱、货舱、发动机舱、APU 舱的防护。国内首次开展灭火系统灭火剂量计算和管网分配仿真计算,有力地支持了防火系统设计、确认和验证。

创新性地完成了民机防火区域划分和可燃液体防火安全分析工作,形成了民机排液设计方法、设计流程和分析方法,首次在国内完成了整机排液地面和飞行试验。

项目的研制,加深了设计人员对民用飞机适航理念的理解和诠释,具备了民机研制的国际视野。项目成功,不仅锻炼出了一批具有民机设计和适航理念的队伍,也为后续中国民机行业的大发展打下了坚实的基础。

2 动力装置系统

2.1 动力装置系统概述

动力装置系统在整个飞行包线内,主要为飞机提供所需要的正推力和反推力,为飞机液压系统和电源系统提供所需的动力源,为飞机空气管理系统提供所需的气源。

动力装置系统主要由发动机、短舱结构和短舱系统组成,其中发动机包含发动机及其燃油系统、滑油系统、起动和点火系统、发动机安装和控制系统;短舱结构包括进气道、风扇罩和反推罩结构;短舱系统包括进气和排气系统、通风和冷却系统、排液系统以及反推系统。动力装置系统状态通过飞机航电系统在驾驶舱进行显示和告警。飞行员和机务人员通过驾驶舱内安装的油门台、发动机控制面板和发动机维护面板,完成发动机操纵和控制。

2.2 动力装置系统组成

如图 2-1 所示,支线飞机动力装置系统主要由以下几部分组成:

(1) 发动机本体。

(2) 发动机燃油和控制系统。

(3) 发动机起动系统和点火系统。

(4) 短舱通风冷却系统。

(5) 发动机操纵系统。

(6) 指示和告警系统。

(7) 进气系统。

(8) 排气系统。

(9) 发动机滑油系统。

(10) 发动机安装系统。

(11) 排液系统。

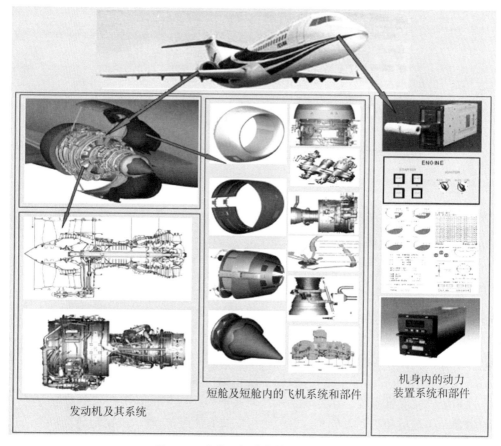

发动机及其系统

短舱及短舱内的飞机系统和部件

机身内的动力
装置系统和部件

图 2‑1 支线飞机动力装置系统组成

后文将对以上组成系统分部加以描述。

2.2.1 发动机本体

支线飞机发动机通常选用涡扇发动机和涡桨发动机,目前主流机型主要选用大涵道比涡扇发动机作为动力源。本章以涡扇发动机为例进行描述。

发动机由以下部件组成:

(1)单级风扇。

(2)3~4 级低压压气机。

(3)8~10 级高压压气机。

(4)燃烧室。

(5)1~2 高压涡轮。

(6)4 级低压涡轮。

(7)附件齿轮箱,驱动液压泵和发电机等。

2.2.2　燃油和控制系统

发动机燃油系统的功能是给发动机燃烧室提供计量燃油,冷却发动机和整体驱动发电机的滑油并给发动机 FMU、发动机系统阀和作动筒提供伺服燃油。

发动机控制系统的功能是对发动机进行推力管理、瞬态控制、起动和点火控制、超温和超速保护、信息指示和状态监控、故障诊断及限时派遣等。

发动机燃油和控制系统由下述部件组成:

(1) 主燃油泵。

(2) 燃油计量组件。

(3) 燃油滤。

(4) 燃油滤压差电门。

(5) 主燃油/滑油热交换器。

(6) 伺服燃油热交换器。

(7) 整体驱动发电机/滑油热交换器。

(8) 燃油总管、燃油喷嘴。

(9) 双通道全权限数字电子控制器。

(10) 永磁发电机。

(11) 发动机传感器。

(12) 可调静子叶片作动筒。

(13) 可变引气阀作动筒。

(14) 过渡态放气阀作动筒。

(15) 高压涡轮间隙控制阀作动筒等部件。

2.2.3　滑油系统

发动机滑油系统为自封闭系统,主要功能是为发动机轴承、齿轮和封严提供润滑和冷却,同时与发动机燃油系统进行热交换,将供给燃烧室和伺服作动系统的燃油进行加温。

滑油系统主要由以下部件组成:

(1) 滑油箱。

(2) 滑油泵。

(3) 滑油滤。

(4) 燃/滑油热交换器(包括主燃/滑油热交换器和伺服燃/滑油热交换器)。

(5) 防漏阀门和集油装置。

(6) 滑油油量/温度传感器、滑油压力传感器、滑油滤旁通开关、磁屑金属探测器。

(7) 滑油管路等。

2.2.4　起动和点火系统

发动机起动和点火系统由下述部件组成：

（1）空气起动机。

（2）空气起动阀。

（3）点火器。

（4）点火激励器。

地面时，空气起动机气源可以来自于下述三者之一：

（1）地面气源车。

（2）APU 引气。

（3）另一台已工作的发动机引气。

空中时，发动机具有两种起动方式：

（1）风车起动。

（2）起动机辅助起动。

2.2.5　发动机安装系统

如图 2－2 所示，发动机安装系统由前安装节、后安装节和推力杆组成，发动机前安装节用于传递垂直载荷、横向载荷和扭矩，发动机后安装节用于传递推力、垂直载荷和横向载荷。发动机与吊挂的连接通过导销和螺栓连接。

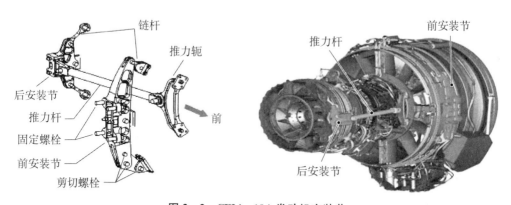

图 2－2　CF34－10A 发动机安装节

2.2.6　操纵系统

如图 2－3 所示，发动机操纵系统包括油门台组件（TCQ）起动开关（见图 2－3）、点火开关（见图 2－4）、燃油切断开关（见图 2－5），具体位于飞机驾驶舱内。

图 2-3 发动机油门台组件

图 2-4 起动点火控制板

图 2-5 燃油切断开关

2.2.7　进气系统

发动机进气系统主要由进气道整流罩及其内部安装组件组成,进气道整流罩是一个气动特性整流罩,安装在风扇机匣前端法兰上,其主要功能是为风扇和核心机段提供足够的空气流量,同时进气道的唇口带有防冰设计。如图 2－6 所示,进气道整流罩主要由唇口、外包皮、内包皮(包括消音板)以及开设在外包皮上的接近口盖和风扇舱通风口组成,进气道内部安装组件主要由前隔框、后隔框、进气道 A 法兰以及笛形管和短舱防冰排气口等组成。

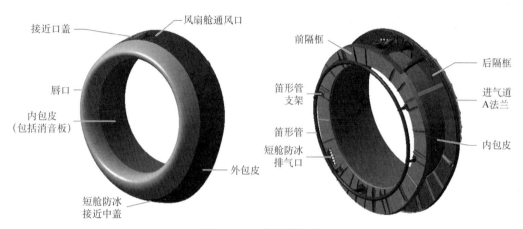

图 2－6　进气系统组成

2.2.8　排气系统

发动机排气系统由内涵道和外涵道排气系统组成,其中外涵道排气系统由反推力装置系统实现排气。内涵道排气系统由 Chevron 形喷口和中心锥等组成主排气系统。

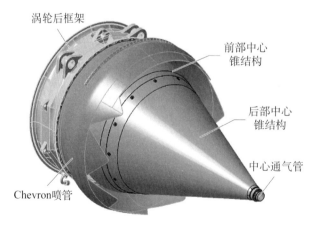

图 2－7　喷管和中心锥

1) 主排气系统

主排气系统主要包括 Chevron 形喷口和中心锥,如图 2－7 所示,喷口后缘为 Chevron 形,有利于降噪。中心体构成内涵气流的排气面,并为中心通风管提供后部支撑。

2) 反推力装置系统

飞机反推力装置采用液压驱动的滑动整流罩和格栅

设计。发动机正推力时,反推力系统作为发动机短舱的气动整流罩和喷口;反推力工作时,发动机外涵道气流被反推力系统格栅反转方向,给飞机提供减速的气动阻力,反推力装置如图 2-8 所示。

反推力装置由固定结构和反推力平动整流罩组成,如图 2-9 所示。固定结构包括

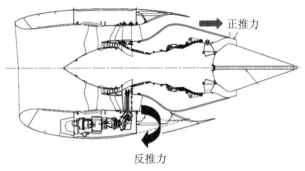

图 2-8 反推力装置

反推力扭矩盒、格栅、悬挂梁和锁扣梁等部分;平动整流罩分上、下两部分,铰接于吊挂,并锁紧在短舱外侧分离线处。

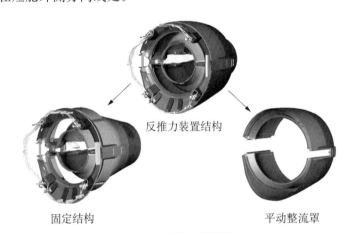

图 2-9 反推力装置结构

2.2.9 短舱通风冷却系统

如图 2-10 所示,发动机短舱分为风扇舱和核心舱 2 个指定火区。在指定火区

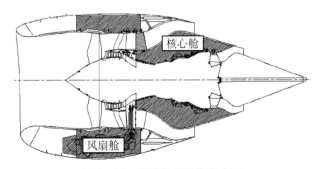

图 2-10 发动机短舱指定火区

设计有通风冷却系统,以使发动机短舱内温度保持在特定值之下,并且避免在火区内集聚可燃蒸汽。

发动机短舱通风冷却布置如图 2-11 所示。

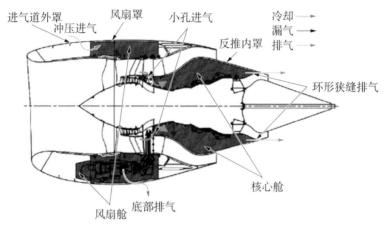

图 2-11　发动机短舱通风冷却系统

1) 风扇舱通风冷却系统

风扇舱是由风扇机匣、风扇罩、进气道后隔板和反推装置前梁(扭矩盒)所围成区域。冷却空气由位于进气道外筒表面大约 12 点钟位置的 NACA 铲形进气口进入,通过导管直接通往风扇舱,冷却空气对风扇舱内的高温部件进行冷却,并吹洗泄漏的可燃液体。冷却空气通过位于风扇罩底部的通风孔排出机外,如图 2-12 所示。

图 2-12　风扇舱通风冷却系统示意图

2) 核心舱通风冷却系统

核心舱是由发动机匣、反推核心罩、上/下叉形件、发动机风扇框架和内罩支撑环、尾喷管和吊挂隔板所围成的区域。通风冷却气流来自风扇出口空气,冷却空气通过位于内整流支承环附近的通风孔进入核心舱,对核心舱内的结构和部件进行冷却,冷却气流通过核心舱从后面的排气通风口向后排出到机外,如图 2-13 所示。

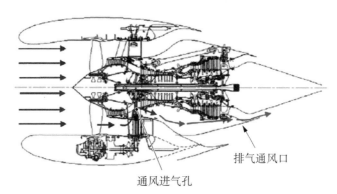

通风进气孔

排气通风口

图 2‑13 核心舱通风冷却系统示意图

核心舱内,如点火器、PRSOV 和 HPV 等部件需要直接用冷却空气进行冷却,因此在核心舱内设有专门的冷却管路直接将风扇出口空气引入,对这些部件进行冷却。

2.2.10 动力装置排液系统

动力装置排液系统分为发动机排液系统和短舱排液系统,主要作用是收集发动机及其附件在工作和维护中产生的废液和漏油,以及可燃液体管路接头处的密封失效时产生的大量漏液,并将其安全地排出机外。

1)发动机排液系统

发动机排液系统主要包括位于风扇区的余油排液管、核心区的余油排液管和排液嘴。

风扇区余油排液管用于收集来自发动机液压泵、主燃油泵、起动机、滑油泵、综合驱动发电机、前集油槽处的废液;核心区余油排液管用于收集来自可调放气阀(VBV)、瞬态放气阀(TBV)、可调定子叶片(VSV)、高压涡轮间隙控制作动器(HPTACC)处的废液。

在发动机风扇区和核心区的 6 点方向最低点处分别设有排液嘴。风扇区和核心区的排液管路连接上述需要排液的各部件,并汇总于排液嘴,利用重力的作用实现废液的安全排放。并且为使排液顺畅,排液嘴向航向后方倾斜,排液嘴在短舱的安装位置如图 2‑14 所示。此外,排液口相连的排液嘴在设计上保证对短舱的阻力影响最小。

2)短舱排液系统

除排液嘴外,为防止易燃液体在短舱内的积聚,并保证排液系统因发动机失效发生较大泄漏时能及时排出漏液,在风扇舱和核心舱的最低点处及潜在液体积聚区又另外开有若干排液孔,如图 2‑15 所示。

　　　　（a）风扇区　　　　　　　　　　　　（b）核心区

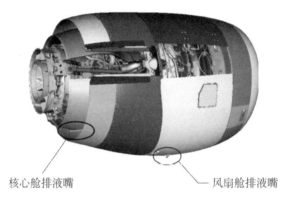

核心舱排液嘴　　　　　　　　　　　　　风扇舱排液嘴

（c）短舱排液嘴

图 2 - 14　发动机排液嘴安装位置示意图

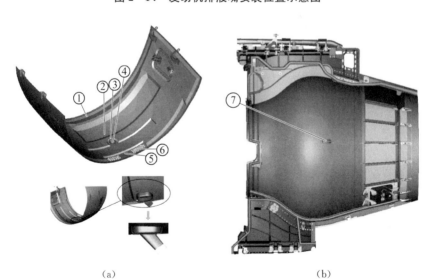

　　　　　　（a）　　　　　　　　　　　　　　　（b）

图 2 - 15　短舱排液系统示意图

（a）风扇舱　（b）核心舱

2.2.11 指示与告警系统

发动机指示和告警系统主要给飞机系统提供发动机数据,显示发动机工作状态,并在发动机工作参数异常情况下发出告警。发动机指示和告警系统的数字信号由总线传给航电系统,离散和模拟信号由硬线提供给航电系统。

传给飞机系统的数字信号如下所述。

(1) 发动机功率参数:选定的 N1、N2、EGT、TLA、N1 需求和 N1 目标。

(2) 发动机限制参数:N1、N2、EGT、N1 振动、N2 振动、滑油压力、滑油温度和滑油量等。

(3) 发动机状态信息:FADEC 点火、ATTCS 和在控通道信息。

(4) 发动机维修信息:故障、维修、限制和超限离散量等。

发动机指示和告警如图 2-16 所示。

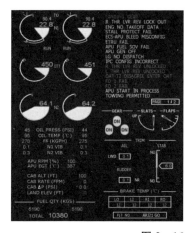

图 2-16 发动机指示与告警

此外,发动机采用振动监控组件监控发动机的振动值,确保发动机正常安全工作。

2.3 发动机本体性能设计

动力装置系统发动机本体性能设计的主要内容是对发动机可用安装推力的设计。

发动机可用推力是按照 CCAR25.101(b)规定的相对湿度,在批准的推力的基础上扣除安装损失和特定周围大气条件和特定飞行状态下由附件及引气装置所吸收的功率或当量推力的发动机安装推力。

(1) 分析计算按照 CCAR25.101(b)规定的相对湿度。

(2) 分析计算按照 CCAR25.101(c)规定的安装损失。

（3）考虑冲压阻力的损失。

（4）考虑进气道总压损失。

（5）考虑排气管道损失、泄漏和发动机通风冷却损失。

（6）考虑与 IDG 空气滑油冷却器相关的排气系统压力损失。

（7）考虑动力装置系统外涵道喷管和核心机喷管下游的尾流，与喷管及吊挂表面相冲刷产生的阻力。

（8）分析计算按照 CCAR25.101(c) 规定的发动机引气和功率的提取。

a. 考虑空调系统引气引起的推力损失。

b. 考虑由防冰系统(机翼防冰、短舱防冰)引起的推力损失。

c. 考虑由 IDG 功率提取引起的推力损失。

d. 考虑由 EDP 功率提取引起的推力损失。

2.3.1 本体性能设计的要求

1）功能定义

发动机的主要功能为：在飞机飞行包线内(规定的高度、速度、温度范围)，在规定的引气和功率提取下，为飞机提供前向推力和反推力。

2）适航要求

发动机本体性能适用的中国民用航空规章第 25 部运输类飞机适航标准 (CCAR25 部)条款及其内容如表 2-1 所示。

表 2-1　支线飞机发动机本体性能相关适航条款

序号	条款	标题	内　　容
1	25.101(b)	总则	受发动机功率(推力)影响的性能必须基于下述相对湿度。 （1）对于涡轮发动机飞机： 　（i）在等于和低于标准温度时，相对湿度为 80%； 　（ii）在等于和高于标准温度加 28℃(50°F)时，相对湿度为 34%。在这两种温度之间，相对湿度按线性变化。
2	25.101(c)	总则	性能必须对应于在特定周围大气条件、特定飞行状态和本条 (b)规定的相对湿度下的可用推进力。该可用推进力必须与不超过批准的功率(推力)扣除下列损失后的发动机功率(推力)相对应： （1）安装损失； （2）特定周围大气条件和特定飞行状态下由附件及辅助装置所吸收的功率或当量推力。

3）设计要求

动力装置系统应在飞机温度包线和飞行包线内每种可能出现的运行情况下，都能向飞机提供需要的推力，并满足飞机的功率提取和引气要求，发动机本体性能设计要求主要包括如下：

（1）安装推力的设计要求。

a. 进气道损失按发动机公司的定义，但应得到飞机公司的认可。

b. 飞机引气和功率提取按表中定义，发动机的用气和功率提取按发动机公司定义。

c. 燃油热值为 18 464 BTU/lbm。

d. 考虑了排气压力损失。

e. 考虑了排气流对飞机/发动机结构表面的摩擦阻力。

f. 标准大气条件。

（2）安装耗油率的设计要求。

发动机安装耗油率是飞机典型的爬升和巡航条件下，对应的安装推力需求对应的 SFC 的加权平均。

（3）发动机推力增长能力的设计要求。

发动机推力增长应满足必要的增长潜力，以适应系列化发展的需要。

（4）发动机反推力的设计要求。

发动机的反推力需要在飞机起飞和降落高度和速度范围内。

2.3.2 本体性能设计的输入

动力装置系统本体性能设计的输入包括：

（1）发动机可用推力接口定义（推阻划分定义、推力组成公式）。

（2）引气系统流量需求及功率提取。

（3）电气系统功率提取。

（4）机械液压系统功率提取。

（5）飞行/地面环境条件及功率设定。

（6）发动机性能计算文件。

（7）飞机性能需求。

2.3.3 本体性能设计的验证

发动机本体性能设计符合性验证主要通过发动机本体性能设计适航符合性说明、发动机本体性能设计适航符合性分析和发动机本体性能设计适航符合性飞行试验来进行。相关符合性验证活动概述如下：

（1）发动机本体性能设计适航符合性说明。

发动机通过 CCAR33 部试验得到批准的功率，按照 CCAR25. 101(c)条款要求，以符合性说明的方法定义安装损失和功率提取，从而定义出可用推力。

（2）发动机本体性能设计适航符合性分析。

通过发动机推力确定飞行试验的数据结果，以适航符合性分析的方法建立发动机推力计算模型,并给出相应的分析、建模、修正的过程,以发动机推力计算模型的计算结果为飞机性能的计算提供可用推力数值。

(3) 发动机本体性能设计适航符合性飞行试验。

a. 通过发动机推力确定飞行试验,测量发动机在全包线内的工作参数,间接计算得到各试验点下的发动机安装推力值。

b. 通过飞行试验验证发动机在各推力等级的可达性且在各种引气构型和最大功率提取下不会造成超限。

c. 在高原开展起飞推力限制参数飞行试验,验证在飞机最大起飞高度下,发动机以正常起飞、最大起飞推力的起飞在冷态和热态下均可达到其 FADEC 设定的推力,且工作参数无超限。

2.3.4 本体性能设计的关键技术

1) 民机发动机安装推力的确定技术

根据飞机布局的特点和 CCAR25.101(c)的要求制定适合于民用飞机的飞机和发动机推阻划分的方法,定义符合适航条款要求的发动机安装推力考虑范围和因素。

2) 基于理论计算、流体试验、CFD、台架试验、飞行试验相结合的民机发动机安装性能测量确定技术

在发动机基本性能模型进行理论计算的基础上,利用缩比流体试验确定喷管特性;利用 CFD 计算进气特性;用地面试验确定风扇压力比修正系数;利用空中推力确定飞行试验结果对部件特性及整体性能进行修正,将模型计算的性能特性与飞行试验数据相匹配,建立发动机的安装推力计算模型,该模型中采用实际测量的喷管面积和泄漏值;考虑各种安装损失、引气和功率提取。

3) 民用发动机飞行推力确定飞行试验的标准执行体系

制定民用发动机飞行推力确定飞行试验的标准体系,包括试验改装方案、试验程序、实时监控流程、试飞计划和保障方法。

4) 发动机性能模型与飞行试验的修正匹配技术

采用热力学模型修正和整体性能修正相结合的技术对已有发动机性能模型进行修正,建立与飞行试验测量数据高度匹配的发动机安装性能计算模型。

2.3.5 本体性能设计的关注点

在发动机本体性能设计中,应特别关注以下方面:

1) 飞机推阻划分

(1) 需在飞机设计之初对飞机的可用推力和飞机阻力进行明确的定义和划分。推阻划分是飞机设计的重要工作,明确的推阻划分能够将飞机的气动特性和动力特性进行有效的管理和评估,并提出详细和定量的设计要求,做到飞行性能有据可依,有源可查,有计可施。

（2）应在飞行推力确定试飞的推力确定点结束后，安排阻力测量试飞的试验点，以便可以借助飞行推力确定的测试设备，精确地对推力进行测量，使推阻平衡下飞机阻力的确定拥有相对更准确的基础。

2）发动机性能计算模型

发动机性能计算模型是飞机在设计、研发和验证过程中的重要保障，是评估飞机可用推力数据唯一的输出工具，它是由发动机供应商和飞机设计方共同完成的。发动机性能计算模型应满足以下要求：

（1）完善的输入-输出接口。

（2）发动机供应商需提供完整的建模和验证资料。

（3）及时更新发动机性能计算模型，避免与各输入输出专业间的协调工作出现重复和返工。

（4）应具备衰退情况的性能预测功能，以满足飞机关键性能指标的制定和气源系统的设计检查。

2.4　发动机燃油系统设计

发动机燃油系统主要由飞机至发动机的燃油供油管和发动机燃油系统组成。其中燃油供油管主要用于将飞机燃油箱中的燃油通过安装在机身中的低压燃油泵不断输送给发动机，保证发动机持续稳定运行，发动机燃油系统则用于为发动机燃烧室提供计量燃油，同时用于冷却发动机和整体驱动发电机的滑油并给发动机FMU和发动机系统阀和作动筒提供伺服燃油。

发动机燃油系统的主要运行原理如下：

发动机燃油系统接受来自飞机供油管的燃油，燃油首先进入主燃油泵的低压离心泵进行增压，随后离开油泵，进入燃油计量单元（FMU），在FMU的引射泵中与燃油计量阀（FMV）的回油进行混合，并经过燃油滤网（粗滤）过滤后流出FMU。随后燃油在主燃油/滑油热交换器中与热滑油进行热交换，并再次进入燃油泵的高压齿轮泵增压，增压后经过主油滤（细滤）过滤并分为两路：一路少量燃油继续进入冲刷油滤，进一步过滤，随后进入伺服燃/滑油热交换器进一步加热，完成加热后，燃油由穿过风扇支撑结构的燃油管分配输送到发动机伺服控制作动系统；另一路将其余的燃油直接输送至FMU中的FMV进行计量，FMV由FADEC按照供油曲线进行控制，高压切断阀（HPSOV）、燃油流量传感器等部件，经燃油总管分配给燃烧室的燃油喷嘴，喷入燃烧室燃烧。

2.4.1　燃油系统设计的要求

1）功能定义

如前所示，发动机燃油系统的主要功能包括如下：

（1）向发动机燃烧室提供燃油。

（2）向发动机伺服作动系统提供燃油用于用驱动作动装置。

（3）向发动机滑油系统提供冷却。

（4）向发动机控制系统提供指示记录信号源。

2）适航要求

发动机燃油系统适航要求来源于适用的中国民用航空规章第 33 部（CCAR33部）、第 25 部（CCAR25 部）和第 34 部（CCAR34 部），具体适用条款如表 2 - 2 所示。

表 2 - 2　支线飞机发动机燃油系统相关适航条款

序号	条款	标题	内　容
1	33.17(b)	防火	(b) 除本条(c)、(d)和(e)的规定外,存留或输送易燃液体的每一外部管路、接头和其他部件,均必须是耐火的。上述部件必须防护或设置以防止点燃泄漏的易燃液体。 (c) 属于发动机部分并与发动机相连的易燃液体箱和支架必须是防火的或用防火罩防护,任一非防火的零部件被火烧坏后不会引起易燃液体泄漏或溅出则除外,活塞式发动机上容量小于 23.7 升(25 夸脱)的整体湿油池,既不必是防火的,也不需用防火罩防护)。 (d) 对于超音速航空器的涡轮发动机的型号合格审定,要求每一个输送或存留易燃液体的外部部件必须是防火的。 (e) 必须用排放和通风的方法防止易燃液体和蒸汽的有害积聚。
2	33.35(a)	燃油和进气系统	发动机燃油系统的设计与构造必须能在所有飞行和大气条件下的整个发动机工作范围内向气缸提供适当的燃油混合物。
3	33.35(c)	燃油和进气系统	必须规定为防止燃油中外来颗粒进入发动机燃油系统所必需的燃油滤的类型和过滤度。申请人必须表明通过规定的过滤装置的外来颗粒将不会严重地损害发动机燃油系统的功能。
4	33.67(a)	燃油系统	在按申请人规定的流量和压力对发动机供给燃油的情况下,该发动机必须在本规章规定的各种工作状态下都能正常地工作。不可再调整的每个燃油控制调节装置装于发动机上时必须用锁紧装置固定并且必须是铅封的,否则应是不可达的。所有其他的燃油控制调节装置必须是可达的,并且作标记以指明调节功能,除非该功能是显而易见的。
5	33.67(b)	燃油系统	在发动机燃油进口与燃油计量装置进口,或与发动机传动的正排量泵进口(两种进口中取距发动机燃油进口较近者)之间,必须设置燃油滤或滤网。此外下列规定适用于本款(b)要求的每个燃油滤或滤网: (1) 必须是便于放泄和清洗,并必须采用易于拆卸的网件或滤芯;

序号	条款	标题	内　　容
			（2）除非滤网或油滤易于拆卸进行放油,而不需设置放油装置,否则必须具有沉淀槽和放油嘴;
			（3）除非导管或接头在所有载荷情况下均具有足够的强度裕量,否则,油滤或滤网的重量不能由相连的导管或其入口或出口的接头支承。
			（4）必须规定为防止燃油中外来颗粒进入发动机燃油系统所必需的燃油滤的类型和过滤度。申请人必须表明符合下列要求: （i）通过规定过滤装置的外来颗粒不会损害发动机燃油系统的功能; （ii）在27℃(80℉)的含水的初始饱和燃油中每升加进0.2毫升游离水(每加仑含0.025液英两),并冷却到工作中可能遇到的最危险的结冰条件下,燃油系统在其整个流量和压力范围内能持续工作。然而,这一要求可以通过验证特定的经批准的燃油防冰添加剂的有效性来满足;或者燃油系统带有燃油加热器,它能在最危险结冰条件下将燃油滤或燃油进口处的燃油温度保持在0℃(32℉)以上。
			（5）申请人必须验证在燃油被污染到工作中可能遇到的最大程度的颗粒尺寸和密度时,过滤装置具有保证发动机在其批准的极限内继续运转的能力(与发动机使用限制相对应)。必须验证发动机在这些条件下,按中国民用航空总局可接受的一段时间内工作,这段时间由下列装置开始指示过滤器临近阻塞时算起: （i）现有的发动机仪表; （ii）装在发动机燃油系统的附加装置。
			（6）任何滤网或油滤旁路装置的设计与构造,必须通过其适当设置使积聚的污物逸出最少,以确保积聚的污物不致进入旁通油路。
6	33.67(c)	燃油系统	对于每个流体喷射(除燃油)系统和其控制装置,如果作为发动机的一部分,申请人必须表明喷射流体量是充分可控的。
7	33.67(d)	燃油系统	具有30秒钟一台发动机不工作(OEI)功率额定值的发动机,必须具有30秒钟一台发动机不工作(OEI)功率的自动可用性和自动控制装置。
8	25.943	负加速度	当飞机在第25.333条规定的飞行包线内作负加速度时,发动机、经批准在飞行中使用的辅助动力装置,或者与动力装置或辅助动力装置有关的任何部件或系统不得出现危险的故障。必须按预计的负加速度最长持续时间表明满足上述要求。
9	25.951(a)	燃油系统总则	燃油系统的构造和布置,在每种很可能出现的运行情况下,包括申请审定的飞行中允许发动机或辅助动力装置工作的任何机动飞行,必须保证以发动机和辅助动力装置正常工作所需的流量和压力向其供油。

序号	条款	标题	内　　容
10	25.951(b)2	燃油系统总则	燃油系统的布置,必须使进入系统的空气不会造成下列情况:(2)涡轮发动机出现熄火。
11	25.951(c)	燃油系统总则	用于涡轮发动机的燃油系统在使用下述状态的燃油时,必须能在其整个流量和压力范围内持续工作:燃油先在 27℃(80℉)时用水饱和,并且每 10 升燃油含有所添加的 2 毫升游离水(每 1 美加仑含 0.75 毫升),然后冷却到在运行中很可能遇到的最临界结冰条件。
12	25.952(a)	燃油系统分析和试验	必须用分析和航当局认为必要的试验表明燃油系统在各种可能的运行条件下功能正常。如果需要进行试验,则试验时必须使用飞机燃油系统或能复现燃油系统被试部分工作特性的试验件。
13	25.952(b)	燃油系统分析和试验	对于以燃油作为工作液的任何热交换器,其很可能发生的失效不得造成危险情况。
14	25.955(a)(4)	燃油系统的闪电防护	(a) 在每种预定的运行条件和机动飞行中,燃油系统必须至少提供 100% 所需的燃油流量,必须按如下规定来表明符合性:(4) 如果装有燃油流量计,必须使其停止工作,燃油必须流经该流量计或其旁路。
15	25.993(a)	燃油系统导管和接头	每根燃油导管的安装的支承,必须能防止过度的振动,并能承受燃油压力及加速度飞行所引起的载荷。
16	25.993(b)	燃油系统导管和接头	连接在可能有相对运动的飞机部件之间的每根燃油导管,必须用柔性连接。
17	25.993(c)	燃油系统导管和接头	燃油管路中可能承受压力和轴向载荷的每一柔性连接,必须使用软管组件。
18	25.993(d)	燃油系统导管和接头	软管必须经过批准,或必须表明适合于其特定用途。
19	25.993(e)	燃油系统导管和接头	暴露在高温下可能受到不利影响的软管,不得用于在运行中或发动机停车后温度过高的部位。
20	25.994	燃油系统部件的防护	必须对发动机短舱内或机身内的燃油系统部件进行保护,以防止在有铺面的跑道上机轮收起着陆时,发生燃油喷溅足以造成起火的损坏。
21	25.995(b)	燃油阀	除了满足第 25.1189 条对切断措施的要求外,每个燃油阀还必须符合下列规定:(b) 阀门的支承应使阀门工作或加速度飞行所造成的载荷不会传给与阀门相连的导管。

（续表）

序号	条款	标题	内　　容
22	25.997(a)	燃油滤网或燃油滤	燃油箱出油口与燃油计量组件入口,或与发动机传动的正排量泵入口(两种入口中取距油箱出口较近者)之间,必须设置满足下列要求的燃油滤网或燃油滤: (a) 便于放液和清洗,且必须有易于拆卸的网件或滤芯;
23	25.997(b)	燃油滤网或燃油滤	具有沉淀槽和放液嘴。如果滤网或油滤易于拆卸进行放液,则不需设置放液嘴;
24	25.997(c)	燃油滤网或燃油滤	安装成不由相连导管或滤网(或油滤)本身的入口(或出口)接头来承受其重量,除非导管或接头在所有载荷情况下均有足够的强度余量;
25	25.997(d)	燃油滤网或燃油滤	具有足够的滤通能力(根据发动机的使用限制),以便在燃油脏污程度(与污粒大小和密度有关)超过有关适航标准对发动机所规定的值时,保证发动机燃油系统的功能不受损害。
26	25.1041	冷却总则	在地面、水面和空中运行条件下以及在发动机或辅助动力装置或两者正常停车后,动力装置和辅助动力装置的冷却设施,必须能使动力装置部件、发动机所用的液体以及辅助动力装置部件和所用的液体温度,均保持在对这些部件和液体所制定的温度限制以内。
27	25.1305(a)1	动力装置仪表	每台发动机一个燃油压力警告装置,或所有发动机一个总警告装置,并有分离各单独警告的措施;
28	25.1305(c)2	动力装置仪表	每台发动机一个燃油流量表。
29	25.1305(c)6	动力装置仪表	25.997要求的燃油滤网或燃油滤,应有一个指示器,在滤网或油滤的脏污程度影响25.997(d)规定的滤通能力之前即指示出现脏污
30	25.1337(a)(1)	动力装置仪表	动力装置和辅助动力装置仪表的每根管路必须满足25.993和25.1183的要求。
31	25.1337(a)(2)	动力装置仪表	每根装有充压可燃液体的管路必须符合下列规定: (i) 在压力源处有限流孔或其它安全装置,以防管路破损时逸出过多的液体; (ii) 管路的安装和布置要使液体的逸出不会造成危险。
32	25.1337(a)(3)	动力装置仪表	使用可燃液体的每个动力装置和辅助动力装置仪表,其安装和布置必须使液体的逸出不会造成危险。
33	34.11(a)	排气排出物标准	本章适用的航空燃气涡轮发动机不得向大气排放燃油排泄物。本条旨在防止发动机停车后有意将燃油喷嘴总管中排出的燃油排泄到大气中,而不适用于从轴封、接合面和接头处正常的燃油渗漏。

序号	条款	标题	内　　容
34	34.21(c)	排气排出物标准	2002 年 4 月 19 日及其后制造的额定输出等于或大于 26.7 千牛(6 000 磅)的每台新的 TFJ 类航空燃气涡轮发动机排出的气态排出物不得超过： 碳氢化合物：19.6 克/千牛额定输出 一氧化碳：118 克/千牛额定输出 氮氧化合物：(32＋1.6(rPR))克/千牛额定输出
35	34.21(e)	排气排出物标准	本条(a)、(b)、(c)和(d)规定的标准涉及到本规定 G 章适用条款中所述的体现工作循环的混合气态排出物试样，以及本规定 H 章适用条款所述的发动机工作期间排出的烟雾排放，应按这些章规定的程序进行测量和计算。

3) 设计要求

发动机燃油系统相关设计要求包括如下：

（1）短舱内的燃油附件和导管应有防护措施，以避免燃油附件或导管损坏时以及发动机破裂时造成燃油的泄漏。

（2）应使用油滤过滤燃油中的污染物，燃油滤应与压差开关相连提供油滤堵塞信号，当压差开关打开时，系统压力释放旁路应保证发动机工作所要求的燃油供给。

（3）在尽可能靠近燃油计量装置的燃油管路上设置燃油低压开关，提供燃油供油压力不足的警告信息。

（4）发动机燃油控制由 FADEC 完成，并提供发动机燃油流量和燃油进口温度参数信号。

（5）每次起动失败和停车后，有设施可以自动泄漏燃烧室区域的燃油。泄漏的液体不应对机场造成污染。

（6）飞机燃油系统和发动机燃油系统共同工作，保证在整个飞行包线内，发动机在各种稳定状态，过渡状态包括起动状态下能满意地工作。

2.4.2　燃油系统设计的输入

发动机燃油系统的主要设计输入包括以下方面：

（1）发动机在飞机整个飞行包线内的各种稳定状态、过渡状态下能够正常运行要求。

（2）飞机对燃油牌号使用要求。

（3）飞机对燃油排泄污染的限制要求。

（4）飞机各相关系统与动力装置系统的接口定义，包括功能接口、机械接口和电接口。

a. 功能接口为发动机燃油系统与飞机燃油系统存在功能接口,包括从燃油油料、适用添加剂、可接受污染物、供油压力、供油温度、供油流量等方面的定义。

b. 机械接口指位于飞机吊挂防火墙处的快卸接头,由飞机方和发动机方各自分担快卸接头的公头和母头。

c. 电气接口指部分发动机燃油系统传感器与飞机航电系统的电接口。

2.4.3 燃油系统设计的验证

发动机燃油系统对 CCAR33 部相关条款的符合性验证由发动机供应商负责完成,对 CCAR25 部和 CCAR34 部相关条款的符合性验证主要通过发动机燃油系统设计适航符合性说明、发动机燃油系统设计适航符合性计算分析、发动机燃油系统设计适航符合性地面试验、发动机燃油系统设计适航符合性飞行试验和发动机燃油系统设计适航符合性设备鉴定试验来进行。相关符合性验证活动概述如下:

1) 发动机燃油系统设计适航符合性说明

(1) 通过设计说明,主要对支线飞机发动机燃油系统的系统功能、组成、系统原理、燃油系统参数的指示告警和记录、燃油系统主要部件工作原理进行介绍,并引入33 部中的发动机燃油结冰试验情况,对相应条款的符合性进行描述。

(2) 通过对发动机燃烧室的设计说明,表明在空中和地面因发动机停车不会有燃油从燃油喷嘴总管中排出;通过对发动机燃油系统的沉淀槽的放沉淀阀的设计说明,表明在地面状态下可将存油箱的燃油排放到某一容器里;通过对发动机燃油系统管路及套管排液阀的设计说明,表明在正常工作状态下,不会发生燃油排泄。

2) 发动机燃油系统设计适航符合性计算分析

对发动机燃油温度从高温是否超过限制和低温是否存在结冰危险两个方面进行分析,表明发动机燃油温度在高温方面不会超过限制,低温方面在最危险的结冰状态下,发动机燃油系统工作正常,满足相应条款要求。

(1) 发动机燃油系统设计适航符合性地面试验。

主要结合动力装置短舱冷却地面试验,获得发动机燃油系统软管所处区域最大环境温度,表明其温度值低于燃油软管允许的最高环境温度,同时通过获取试验数据,换算得到飞机与发动机吊挂接口处燃油温度值,表明其未超过限制值,满足相应条款要求。

(2) 发动机燃油系统设计适航符合性飞行试验。

一方面结合动力装置短舱冷却飞行试验,获得发动机燃油系统软管所处区域最大环境温度,表明其温度值低于燃油软管允许的最高环境温度,同时通过获取得到试验数据,换算得到飞机与发动机吊挂接口处燃油温度值,表明其未超过限制值;另一方面通过开展发动机负加速度飞行试验,表明在飞机负加速状态下,发动机燃油系统保持工作正常,发动机也未出现熄火、推力下降以及其他的任何故障,发动机工作正常,满足相应条款要求。

3) 发动机燃油系统设计适航符合性设备鉴定试验

(1) 对燃油供油管所采用软管的设备鉴定试验情况和试验结果进行说明,表明燃油供管能够满足发动机正常工作的要求。

(2) 通过说明发动机型号合格证所对应 34 部审定基础要求能够符合 CCAR34 部要求,来间接表明动力装置发动机燃油系统满足 CCAR34 部相应条款要求,并列出发动机的烟雾排放指数以及包括在碳氢化合物、一氧化碳、氮氧化合物内的各项气态排出物指数,用以表明对相应条款的符合性。

2.4.4　燃油系统设计的关键技术

发动机燃油系统设计的关键技术是建立发动机燃油和滑油换热系统的模型验证和修正方法。具体包括民用飞机动力装置燃/滑油换热模型搭建、结合短舱冷却试验的换热模型验证分析技术和最大热天发动机燃油和滑油临界温度修正方法,主要技术创新内容包括如下:

(1) 民用飞机动力装置燃/滑油换热模型的搭建方法。

(2) 结合短舱冷却试验的换热模型准确性验证技术。

(3) 基于"修正因子叠加法"的最大热天发动机燃油和滑油临界温度外推方法。

2.4.5　燃油系统设计的关注点

在发动机燃油系统验证过程中,应特别关注对于部分需要作为 25 部条款符合性证据的 33 部试验,应要求供应商尽早提交试验大纲,试验报告,试验结果,并应及时了解和熟悉供应商提供符合性支持文件中的技术细节,以更好地应对局方的审查。

2.5　发动机滑油系统设计

发动机滑油系统为独立的滑油系统,主要用于向发动机的转子轴承、内部齿轮箱、传动齿轮箱和附件齿轮箱中轴承、齿轮副和密封提供冷却、润滑,并同时与发动机燃油系统中的燃油进行热交换,以保证在整个温度包线范围内发动机正常运行。

滑油系统分为供油路、回油路和通气路三部分,主要部件包括:滑油箱、防漏阀门、滑油泵、滑油滤、主燃/滑油热交换器、伺服燃/滑油热交换器、滑油管路和接头、滑油系统传感器等,其主要工作原理如下:

发动机滑油从滑油箱底部管路进入滑油泵的供油泵部分,供油泵为离心泵,对滑油进行增压,随后经滑油滤进行过滤,再经伺服燃/滑油热交换器、主燃/滑油热交换器与燃油进行热交换,之后分为四路,分别输送至发动机前收油池、后收油池、TGB 和 AGB,进行冷却和润滑工作。润滑工作完成后,滑油由回油泵分别从 AGB 左侧、AGB 右侧、TGB、前收油池、后收油池抽吸,经磁屑金属探测器后返回滑油箱。

2.5.1　滑油系统设计的要求

1) 功能定义

如前文所述,发动机滑油系统的主要功能包括如下:

(1) 向发动机的主轴承、附件齿轮箱、传动齿轮箱、封严提供润滑和冷却。

(2) 对发动机燃油进行加热。

(3) 滑油系统通过 FADEC 应向飞机提供滑油量、滑油压力、滑油温度、油滤堵塞、磁堵状态信号。

2) 适航要求

发动机滑油系统适航要求来源于 CCAR25 部,具体适用条款如表 2-3 所示。

表 2-3　支线飞机发动机滑油系统相关适航条款

序号	条款	标题	内容
1	25.943	负加速度	当飞机在第 25.333 条规定的飞行包线内作负加速度时,发动机、经批准在飞行中使用的辅助动力装置,或者与动力装置或辅助动力装置有关的任何部件或系统不得出现危险的故障。必须按预计的负加速度最长持续时间表明满足上述要求。
2	25.1011(a)	总则	每台发动机必须有独立的滑油系统,在不超过安全连续运转温度值的情况下,能向发动机供给适量的滑油。
3	25.1011(b)	总则	可用滑油量不得小于飞机在临界运行条件下的续航时间与同样条件下批准的发动机最大允许滑油消耗量的乘积,加上保证系统循环的适当余量。
4	25.1013(a)	滑油箱	滑油箱的安装必须满足第 25.967 条的要求。
5	25.1013(b)(1)	滑油箱	必须按下列要求保证滑油箱的膨胀空间: 用于涡轮发动机的每个滑油箱,必须具有不小于 10% 油箱容积的膨胀空间。
6	25.1013(b)(2)	滑油箱	不与发动机直接相连的每个备用滑油箱,可以具有不小于 2% 滑油箱容积的膨胀空间。
7	25.1013(b)(3)	滑油箱	必须使飞机处于正常地面姿态时,不可能由于疏忽而使所有滑油占用膨胀空间。
8	25.1013(c)	滑油箱	每个能明显积存滑油的凹型滑油箱加油接头,必须有放油嘴,其排放液应能避开飞机各个部分。此外,每个滑油箱加油口盖必须有耐滑油密封件。
9	25.1013(d)(1)	滑油箱	滑油箱必须按下列要求通气: 滑油箱必须从膨胀空间的顶部通气,以便在任何正常飞行条件下都能有效地通气。
10	25.1013(d)(2)	滑油箱	滑油箱通气口的布置,必须使可能冻结和堵塞管路的冷凝水蒸气不会聚积在任何一处。

序号	条款	标题	内　　容
11	25.1013(e)	滑油箱	必须具有防止任何外来物进入滑油箱本身或进入滑油箱出油口的措施，以免妨碍滑油在系统中流动，滑油箱出油口不得用在任一工作温度下会使滑油流量减到低于安全值的滤网或护罩加以包复。用于涡轮发动机的滑油箱出油口处，必须装有切断阀，如果滑油系统的外露部分（包括滑油箱支架）是防火的则除外。
12	25.1015(a)	滑油箱试验	能承受运行中可能遇到的各种振动、惯性和液体载荷而不损坏。
13	25.1015（b）(1)	滑油箱试验	除试验压力和试验液按下列规定外，应满足第25.965条的要求： 试验压力(i)对于涡轮发动机的增压油箱，用不小于34.5千帕(0.35公斤/平方厘米；5磅/平方英寸的压力加上油箱的最大工作压力来代替第25.965(a)条中规定的试验压力；(ii)对于所有其它的油箱，用不小于34.5千帕(0.35公斤/平方厘米；5磅/平方英寸的压力来代替第25.965(a)条中规定的试验压力。
14	25.1015（b）(2)	滑油箱试验	试验液必须用温度为120℃（250℉）的滑油来代替第25.965(c)条中规定的液体。
15	25.1017(a)	滑油导管和接头	滑油导管必须满足第25.993条的要求，而在指定火区内的滑油导管和接头还必须满足第25.1183条的要求。
16	25.1017（b）(1)	滑油导管和接头	通气管必须按下列要求布置： 可能冻结和堵塞管路的冷凝水蒸气不会聚积在任何一处。
17	25.1017（b）(2)	滑油导管和接头	在出现滑油泡沫或由此引起排出的滑油喷溅到驾驶舱风挡上时，通气管的排放物不会构成着火危险。
18	25.1017（b）(3)	滑油导管和接头	通气管不会使排放物进入发动机进气系统。
19	25.1019（a）(1)	滑油滤网或滑油滤	每台涡轮发动机安装，必须包括能过滤发动机全部滑油并满足下列要求的滑油滤网或滑油滤： (1) 具有旁路的滑油滤网或滑油滤，其构造和安装必须使得在该滤网或油滤完全堵塞的情况下，滑油仍能以正常的速率流经系统的其余部分。
20	25.1019（a）(2)	滑油滤网或滑油滤	(2) 滑油滤网或滑油滤必须具有足够的滤通能力（根据发动机的使用限制），以便在滑油脏污程度（与污粒大小和密度有关）超过发动机适航标准对发动机所规定的值时，保证发动机滑油系统功能不受损害。
21	25.1019（a）(3)	滑油滤网或滑油滤	(3) 滑油滤网或滑油滤（除非将其安装在滑油箱出口处）必须具有指示器，在脏污程度影响本条(a)(2)规定的滤通能力之前做出指示。

（续表）

序号	条款	标题	内　　容
22	25.1019（a）（4）	滑油滤网或滑油滤	（4）滑油滤网或滑油滤旁路的构造和安装，必须通过其适当设置使聚积的污物逸出最少，以确保聚积的污物不致进入旁通油路。
23	25.1021(a)	滑油系统放油嘴	必须具有能使滑油系统安全排放的一个（或几个）放油嘴。每个放油嘴必须满足下列要求： （a）是可达的。
24	25.1021(b)	滑油系统放油嘴	（b）有手动或自动的机构，能将其确实地锁定在关闭位置。
25	25.1023(a)	滑油散热器	滑油散热器必须能承受在运行中可能遇到的振动、惯性以及滑油压力载荷而不损坏。
26	25.1023(b)	滑油散热器	滑油散热器空气管的设置，必须使得在着火时，从发动机短舱正常开口冒出的火焰不会直接冲到散热器上。
27	25.1305（a）（3）	动力装置仪表	每个滑油箱一个滑油油量指示器；
28	25.1305（a）（4）	动力装置仪表	每台发动机的每个独立的滑油压力系统一个滑油压力表；
29	25.1305（a）（5）	动力装置仪表	每台发动机一个滑油压力警告装置，或所有发动机一个总警告装置，并有分离各单独警告的措施；
30	25.1305（a）（6）	动力装置仪表	每台发动机一个滑油温度表；
31	25.1305（c）（7）	动力装置仪表	第25.1019条要求的滑油滤网或滑油滤，如果没有旁路，则应有一个警告装置，在滤网或油滤的脏污程度影响第25.1019(a)(2)条规定的滤通能力之前向驾驶员警告出现脏污；
32	25.1337（a）（1）	动力装置仪表-仪表和仪表管路	动力装置和辅助动力装置仪表的每根管路必须满足第25.993条和第25.1183条的要求。
33	25.1337（a）（2）	动力装置仪表-仪表和仪表管路	每根装有充压可燃液体的管路必须符合下列规定： （i）在压力源处有限流孔或其它安全装置，以防管路破损时逸出过多的液体； （ii）管路的安装和布置要使液体的逸出不会造成危险。 （3）使用可燃液体的每个动力装置和辅助动力装置仪表，其安装和布置必须使液体的逸出不会造成危险。
34	25.1337（a）（3）	动力装置仪表-仪表和仪表管路	使用可燃液体的每个动力装置和辅助动力装置仪表，其安装和布置必须使液体的逸出不会造成危险。

（续表）

序号	条款	标题	内　容
35	25.1337(d)	动力装置仪表-仪表和仪表管路	滑油油量指示器　必须有油尺或等效装置以指示每个油箱内的滑油量。如果装有滑油转输系统或备用滑油供油系统，则必须具有在飞行中向飞行机组指示每个油箱滑油量的装置。
36	25.1551	滑油油量指示器	滑油油量指示器的标记必须迅速而准确地指示滑油油量。
37	25.1557（b）（2）	动力装置液体加注口	在滑油加油口盖上或其近旁必须标有"滑油"字样。

3) 设计要求

发动机滑油系统相关设计要求包括如下：

（1）每台发动机必须有独立的滑油系统，在不超过安全连续运转温度的情况下，能向发动机供给适量的滑油。

（2）可用滑油量不得小于飞机在临界运行条件下的续航时间与同样条件下批准的发动机最大允许滑油消耗量的乘积，并具有保证系统循环的适当余量。

（3）当飞机在规定的飞行包线内作负加速度机动飞行时，滑油系统在 10 s 的时间内不得出现危险故障。

（4）滑油箱的加油方式应可以采用压力加油和重力加油两种方式。

（5）重力加油口应设计成为在仅打开风扇罩接近口盖（不打开风扇罩）状态下，地面维护人员可以直接使用罐装滑油进行加注，而不需 GSE 设备。

（6）每个滑油箱，必须具有不小于 10％油箱容积的膨胀空间。

（7）滑油箱应具有溢油功能的设计。

（8）飞机处于正常地面姿态时，能够避免由于疏忽而使加注滑油占用膨胀空间。

（9）每个能明显积存滑油的凹型滑油箱加油接头，必须有放油嘴，放油嘴应与发动机排液系统相连，其排放液应能避开飞机各个部分。

（10）每个滑油箱加油口盖必须有耐滑油的密封件。

（11）在滑油加油口盖上或其近旁必须标有"滑油"或"OIL"字样。

（12）滑油系统通气管路排出的油气，不应进入发动机进气系统或任何其他空气系统。

（13）滑油箱必须从膨胀空间的顶部通气，以便在任何正常飞行条件下都能有效地通气。

（14）滑油箱通气口以及滑油导管的布置，必须使可能冻结和堵塞管路的冷凝水蒸气不会聚积在任何一处。

（15）滑油箱必须能承受运行中可能遇到的各种振动、惯性和液体载荷而不损坏。

（16）滑油系统中滑油泵、主燃/滑油热交换器、伺服燃滑油热交换器、滑油滤压差开关、滑油压力传感器、滑油温度传感器、滑油量传感器等部件为 LRU 件，要求20 min 内能够进行更换。

（17）滑油系统的油量检查、滑油加注、放油等维护位置应尽可能集中，便于维护人员工作。

（18）空气滑油冷却器的设置，必须使得在着火时，从发动机短舱正常开口冒出的火焰不会直接冲到散热器上。

（19）滑油系统通过 FADEC 应向飞机提供滑油量参数信号、滑油压力信号、滑油温度信号、油滤堵塞信号、磁堵状态信号。

（20）滑油温度传感器在滑油温度超过限制值时，能够及时触发驾驶舱的滑油超温告警。

（21）滑油滤上安装的压差传感器在滑油滤即将迫近旁通和迫近旁通状态时，能够及时触发驾驶舱滑油滤堵塞的告警。

（22）滑油系统磁堵应具有探测滑油内磁屑金属以及自检测的功能，能够及时触发驾驶舱磁屑探测和磁堵故障的告警。

2.5.2　滑油系统设计的输入

发动机滑油系统的主要设计输入包括以下方面：

（1）滑油系统部件及管路应能承受的振动载荷要求。

（2）飞机对滑油牌号的使用要求。

（3）飞机对滑油排泄污染的限制要求。

（4）滑油系统状态监控参数及告警设置需求。

2.5.3　滑油系统设计的验证

发动机滑油系统一般随发动机完成 33 部的适航取证工作，对 CCAR25 部相关条款的符合性验证主要通过发动机滑油系统设计适航符合性说明、发动机滑油系统设计适航符合性计算分析、发动机滑油系统设计适航符合性地面试验、发动机滑油系统设计适航符合性飞行试验和发动机滑油系统设计适航符合性设备鉴定试验来进行。相关符合性验证活动概述如下：

1）发动机滑油系统设计适航符合性说明

通过设计说明，主要对发动机滑油系统的系统功能、组成、系统原理、滑油系统主要部件工作原理和滑油系统参数指示告警和记录进行描述，并引入 33 部中的发动机滑油系统相关符合性验证结论，对相应条款的符合性进行描述。

2）发动机滑油系统设计适航符合性地面试验和飞行试验

一方面结合动力装置短舱冷却地面试验和飞行试验，获取滑油温度，再将滑油温度外推至飞行包线右边界处，获得滑油温度的最大值。将最大值与滑油温度限制值比较，如果滑油温度最大值未超过滑油温度限制值，则表明发动机滑油系统温度不会超限。

另一方面通过负加速度试飞，验证发动机滑油系统可以承受第25.943条要求的负加速度条件，不会导致发动机的轴承、齿轮损坏。

2.5.4　滑油系统设计的关键技术

发动机滑油系统关键技术包括：

（1）按照第25.943条要求进行负加速度试飞验证，验证了经历负加速度后，滑油系统可以正常工作。

（2）采用了一种比较科学合理的外推方法，验证了正常情况下滑油系统最大温度不会超限。

2.5.5　滑油系统设计的关注点

在发动机滑油系统验证过程中，应特别关注对于部分需要作为25部条款符合性证据的33部试验，因要求供应商尽早提交试验大纲、试验报告、试验结果，并应及时了解和熟悉供应商提供符合性支持文件中的技术细节，以更好地应对局方的审查。比如滑油箱振动试验、压力试验的试验规划、试验大纲和试验结果等。

2.6　发动机起动和点火系统设计

支线飞机一般采用空气起动系统起动发动机。空气起动系统采用地面气源车、APU或另一台发动机的引气作为起动能源，其系统构架如图2-17所示。气源提供高压气体，高压气体经过管路、阀门等设备到达起动空气阀。空气阀打开后，高压气体膨胀做功驱动空气涡轮起动机。空气涡轮起动机获得动能，进而通过附件齿轮驱动发动机加速转动。

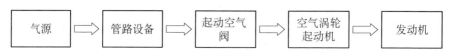

图2-17　气起动模式示意图

起动系统工作原理是通过空气涡轮起动机将地面气源车、APU或另一台发动机提供的高压气体的能量转化为机械能，也就是转为空气涡轮起动机的转动力矩。空气涡轮起动机通过发动机齿轮箱将此力矩传递给发动机转子。若起动力矩大于发动机转子的阻力矩，即可增加发动机转子转速。当转子转速增加到一定程度，发动机开始供油、点火、燃烧。涡轮开始输出功率，但此时涡轮的输出功率仍不能满足独自带动发动机运转的需求。此时的发动机转子需由涡轮和起动机共同带动,才能继续增加发动机转子转速。当转子进一步加速到涡轮的输出功率大于转子所需功率之后,起动机脱开。起动机脱开后,发动机转子的加速由涡轮的输出功率带动。当发动机转子达到慢车转速时,起动结束。

2.6.1 起动和点火系统设计的要求

1) 功能定义

发动机起动能力是指飞机及其发动机在特定条件下(高度、速度、温度以及特殊极限状态下)进行起动或停车后再起动的能力。飞机在起飞之后、落地之前在空中运行时,可能由于机械故障、电子系统故障、飞行误操作、外来物影响、发生喘振等原因而导致发动机熄火,为了保证飞行安全,飞机发动机必须具备重新起动的能力。发动机必须在飞机正常使用包线、空中再起动包线内以及各种严酷条件下,拥有稳定可靠的起动和再起动能力,且不论在停车或起动过程中均不会对飞机及发动机的正常运转造成不利影响,从而确保飞机及其发动机可以在其定义的使用包线内正常运行,并在发动机停车后拥有稳定可靠的再起动能力,最大限度地保证飞机飞行安全。

发动机点火系统的主要功能是在地面或空中起动时给发动机点火。每台发动机有两个独立的点火激发器及相应点火器,地面起动时,点火器交替工作,空中点火时同时工作。

2) 适航要求

发动机起动和点火系统设计主要涉及发动机本体、点火系统、供油系统、指示告警系统以及 APU 等各相关系统,其适用的 CCAR25 部条款及其内容如表 2 - 4 所示。

表 2 - 4　支线飞机发动机起动相关适航条款

序号	条款	标题	内　　容
1	25.777(a)	驾驶舱操纵器件	(a) 驾驶舱每个操纵器件的位置必须保证操作方便并防止混淆和误动。
2	25.777(b)	驾驶舱操纵器件	(b) 各台发动机使用同样的动力装置操纵器件时,操纵器件的位置安排必须能防止混淆各自控制的发动机。
3	25.903(c)	发动机	(c) 发动机转动的控制　必须有在飞行中单独停止任一台发动机转动的措施,但对于涡轮发动机的安装,只有在其继续转动会危及飞机的安全时才需要有停止任一发动机转动的措施。在防火墙的发动机一侧,可能暴露于火中的停转系统的每个部件必须至少是耐火的。如果为此目的使用螺旋桨液压顺桨系统,顺桨管路在顺桨期间可预期出现的各种使用条件下必须至少是耐火的。

序号	条款	标题	内　　容
4	25.903(d)(2)	发动机	(d) 涡轮发动机的安装　对于涡轮发动机的安装有下列规定： (2) 与发动机各控制装置、系统仪表有关的各动力装置系统的设计必须能合理保证，在服役中不会超过对涡轮转子结构完整性有不利影响的发动机使用限制。
5	25.903(e)(1)	发动机	(e) 再起动能力 (1) 必须有飞行中再起动任何一台发动机的手段。
6	25.903(e)(2)	发动机	(e) 再起动能力 (2) 必须制定飞行中再起动发动机的高度和空速包线，并且每台发动机必须具有在此包线内再起动的能力。
7	25.903(e)(3)	发动机	(e) 再起动能力 (3) 对于涡轮发动机飞机，如果在飞行中所有发动机停车后，发动机的最小风车转速不足以提供发动机点火所需的电功率，则必须有一个不依赖于发动机驱动的发电系统的电源，以便能在飞行中对发动机点火进行再起动。
8	25.1141	动力装置的操纵器件：总则	(a) 操纵器件的位置必须保证不会由于人员进出驾驶舱或在驾驶舱内正常活动而使其误动。
9	25.1145(a)	点火开关	(a) 必须用点火开关来控制每台发动机上的每个点火电路。
10	25.1145(b)	点火开关	(b) 必须有快速切断所有点火电路的措施，其方法可将点火开关构成组列或者使用一个总点火控制器。
11	25.1145(c)	点火开关	(c) 每组点火开关和每个总点火控制器都必须有防止被误动的措施，但不要求连续点火的涡轮发动机的点火开关除外。
12	25.1301	功能和安装	所安装的每项设备必须符合下列要求： (d) 在安装后功能正常。
13	25.1309(a)	设备、系统及安装	(a) 凡航空器适航标准对其功能有要求的设备、系统及安装，其设计必须保证在各种可预期的运行条件下能完成预定功能。
14	25.1309(c)	设备、系统及安装	(c) 必须提供警告信息，向机组指出系统的不安全工作情况并能使机组采取适当的纠正动作。系统、控制器件和有关的监控与警告装置的设计必须尽量减少可能增加危险的机组失误。
15	25.1165(a)	发动机点火系统	(a) 每个蓄电池点火系统必须可从发电机得到备用电能，当任一蓄电池电能耗尽时，此发电机可自动作为备用电源供电，使发动机能继续运转。

（续表）

序号	条款	标题	内　　容
16	25.1165(b)	发动机点火系统	(b) 蓄电池和发电机的容量,必须足以同时满足发动机点火系统用电量和使用同一电源的电气系统部件的最大用电量。
17	25.1165(c)	发动机点火系统	(c) 发动机点火系统的设计必须计及下列情况: (1) 一台发电机不工作; (2) 一个蓄电池电能耗尽,而发电机以其正常转速运转; (3) 如果只装有一个蓄电池,该蓄电池电能耗尽,而发电机在慢车转速下运转。
18	25.1165(e)	发动机点火系统	(e) 任何发动机的接地线不得通过另一发动机的火区,除非该接地线通过此火区的每一部分都是防火的。
19	25.1165(f)	发动机点火系统	(f) 除用于辅助、控制或检查点火系统工作的电路外,每一点火系统必须独立于任何其它电路。
20	25.1165(g)	发动机点火系统	(g) 如果电气系统任一部分发生故障引起发动机点火所需的蓄电池连续放电,则必须有警告有关飞行机组成员的措施。
21	25.1165(h)	发动机点火系统	(h) 涡轮发动机飞机的每个发动机点火系统必须作为重要电气负载。
22	25.1305	动力装置仪表	所需的动力装置仪表规定如下: (c) 涡轮发动机飞机　除本条(a)要求的动力装置仪表外,还需装有下列动力装置仪表: (4) 如果发动机起动机既未按连续使用设计,又未设计成在其失效后能防止危险,但是可能被连续使用,则每台起动机应有一种向飞行机组指示其运转状态的装置。

3）设计要求

发动机起动设计要求主要包括如下:

（1）在地面采用空气涡轮起动机起动,在空中即可使用空气涡轮起动机起动也可采用风车起动。

（2）应考虑中国西部高原机场的起动需要。

（3）在飞机的环境温度范围内,在发动机起动包线范围内能满意地起动。

（4）在规定的侧风和尾风限制内,不影响发动机起动。

（5）飞行员只需操作必要的起动/停车开关,起动/停车过程的控制由 FADEC 自动完成。

（6）起动过程中应向飞行员提供指示不同起动状态的信息。

（7）起动过程中起动系统的失效不应引起其他硬件损坏。

（8）空气涡轮起动机的供气可使用 APU 供气或者另一台已起动的发动机供气

或者地面气源车供气。

（9）在空气涡轮起动机和点火器寿命期内，起动系统的连续使用不受限制。

发动机点火设计要求主要包括如下：

（1）起动过程中应向飞行员提供指示发动机点火系统状态的信息，至少包括点火器点火信息。

（2）每台发动机应有两套独立的点火装置，起动发动机只需一个点火器工作，且点火装置具有连续点火的功能。

（3）FADEC 应具有自动点火功能，能够监测发动机熄火并进行再点火而无需飞行员的任何操作。

（4）为监视每个点火器故障，FADEC 在地面应交替选择每一个点火器进行工作。

（5）每台发动机的点火控制应配合起动机和发动机燃油切断控制，用于自动程序操作。

（6）可通过燃油切断开关或防火手柄快速切断所有点火电路，燃油切断开关或防火手柄都有防止被误动的措施。

（7）点火系统可对工作电路进行监测，若如果电气系统任一部分发生故障引起发动机点火所需的电源连续放电，则必须有警告有关飞行机组成员的措施。

（8）点火系统为重要电气负载，电源系统为点火系统分配重要汇流条，点火系统应有备份电源。

（9）点火系统的电源，必须足以同时满足发动机点火系统用电量和使用同一电源的电气系统部件的最大用电量。

（10）点火系统的设计须考虑在电源失效的条件下，点火系统的工作。

（11）点火系统应满足电气互联系统（EWIS）的要求。

2.6.2 起动和点火系统设计的输入

空气起动和点火系统设计涉及飞机总体、发动机、空气管理、APU 等多个专业系统。主要设计输入包括飞机总体设计输入、发动机设计输入、空气管理系统设计输入和 APU 系统设计输入，具体如下：

1）飞机总体设计输入

（1）最高空起高度。

最高空起高度是指发动机可以实现可靠起动的最高飞行高度。最高起动高度的设计中要考虑飞机市场运营目标的要求。具体根据飞机市场运营目标确定运行航线上的最低安全高度。最低安全高度通常为最高障碍高度增加一个安全高度裕度。以图 2-18 为例，若飞机在巡航高度发生单发失效，飞机以单发下降至单发最高空起高度，然后执行空中起动程序。若起动成功则恢复全发运行能力；若多次起

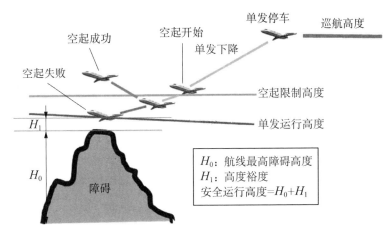

图 2-18　最高起动高度设计考虑

动不成功,则按相关规定下降至单发运行高度进行飞行。

（2）起动时间。

起动时间是指从发动机转子转动开始到稳定慢车的时间间隔。

2）发动机设计输入

（1）起动需求。

指发动机空气涡轮起动机进口处的起动需求,包括不同起动时间要求条件下的流量、最小总温和最小总压需求。

（2）短舱内管路和阀门损失。

包括从吊挂界面到起动空气阀界面,吊挂界面到引气口界面的管路和相关阀门的压力损失、温度损失和流量泄漏等相关的计算方法或相关图表。

（3）温度压力极值。

指从发动机管路和阀门所能承受的温度压力极值。

（4）发动机起动包线。

指发动机起动包线。

（5）发动机供气性能。

包括交输引气状态发动机供气的流量-总温,流量-总压性能曲线。

3）空气管理系统设计输入

（1）APU 起动模式下的管路损失。

包括 APU 起动模式下 APU 供气起动途经管路和设备总温损失、总压损失和流量泄漏的计算方法或相关图表。

（2）交输起动模式下的管路损失。

包括交输起动模式下发动机起动供气途经管路和设备总温损失、总压损失和流量泄漏的计算方法或相关图表。

（3）地面气源起动模式下的管路损失。

包括地面气源起动模式下气源供气途经管路和设备总温损失、总压损失和流量泄漏的计算方法或相关图表。

4）APU 系统设计输入

包括起动供气状态下的流量-总温、流量-总压性能曲线。

5）其他系统设计输入

包括液压泵和发电机应提供的起动附加阻力性能曲线。

2.6.3　起动和点火系统设计的验证

发动机起动和点火系统设计符合性验证主要通过发动机起动和点火系统设计适航符合性说明、发动机起动设计适航符合性地面试验以及飞行试验来进行。相关符合性验证活动概述如下：

1）发动机起动和点火系统设计适航符合性说明

具体通过对发动机起动系统、发动机点火及控制系统、飞机电源系统原理、架构、运行逻辑、操作及指示方式等相关设计内容进行描述，并引用机上地面试验及机上飞行试验验证中的部分结果，对相应条款的符合性进行说明。说明动力装置系统从设计方案、系统架构、运行逻辑以及相关操作和指示上可以满足相应条款的要求，在适航条款要求的极限状态下，不会对飞机及发动机的正常运转造成安全性影响，并且给飞行员有明确的起动机运转状态指示，以免起动机超限运转。

2）发动机起动设计适航符合性地面试验

发动机地面起动试验包括 APU 引气和发动机交叉引气辅助起动，通过在常温以及在大侧风、高温、低温、高原等各种极限条件下进行地面起动试验，表明飞机及其发动机可以在其定义的运行包线（高度、温度包线、风向风速包线）内拥有稳定可靠的地面起动能力，确保飞机及其发动机可以正常安全运行。此外，发动机地面起动试验还验证在不同的供电条件下（蓄电池供电或发电机供电），发动机均可在定义的飞机运行条件下正常进行起动。

3）发动机空中起动设计适航符合性飞行试验

发动机空中起动方式分为起动机辅助起动（APU 引气或发动机交叉引气）及风车起动。在适航验证飞行试验中需要对飞机定义的空中起动包线内的不同起动区域，包括不同起动方式、EGT 温度范围等，进行充分验证。表明飞机及发动机在其定义的空中起动包线内具有稳定可靠的再起动能力，各系统工作正常不会对飞机飞行安全产生不利影响。

发动机空中起动试飞具体包括以下八项试飞内容：

（1）APU 引气辅助起动。

（2）交叉引气辅助起动。

（3）正常风车起动。

（4）快速风车起动。

（5）模拟起飞爬升阶段双发失效后起动。

（6）模拟高高度巡航双发失效飘降后起动。

（7）模拟待机阶段双发失效后起动。

（8）模拟高高度巡航单发失效飘降冷浸透后起动。

2.6.4　起动和点火系统设计的关注点

在发动机起动性能验证过程中，应特别关注以下两方面：

1）飞行试验点选择

发动机空中起动试验点均选择在起动包线的高度、速度和温度的左右边界区域。除此之外，还需验证飞机在起飞爬升、巡航、待机等阶段中出现双发失效后（包括吸力供油状态下）的空中起动能力。

因此，试验点的选择根据考察侧重点的不同也会发生变化，主要原则如下：

（1）高度选择。

通常发动机燃烧室的点火能力随高度的升高（空气密度降低）而降低，起动过程中的 EGT 峰值也随高度的上升而升高。因此，从点火能力及 EGT 超温风险的角度来说，试验点高度越高越严酷。

（2）速度选择。

从燃烧室点火能力及稳定燃烧的角度，中等飞行速度最有利。飞行速度过大或过小都不利于达到最佳的稳定燃烧条件。因此，对于考察点火能力角度而言通常最大和最小速度边界较为严酷。

从起动过程中 EGT 峰值温度的角度来说，飞行速度越小，EGT 峰值越高，超温的风险越大。由于没有起动机带转以帮助增加进气流量，因此该现象对于风车起动方式尤其明显。因此，对于考察 EGT 超温风险，小速度边界更严酷。

（3）起动时间。

起动时间是双发失效的情况下发动机起动的重要考察指标，直接关系到起动过程中飞机的高度损失。起动时间与发动机起动时的冷浸透状态（EGT 温度），飞行速度（对风车起动影响很大）有关。起动时发动机 EGT 温度越低，飞行速度越小，对应起动时间越长。

2）发动机之间的差异

鉴于发动机在生产制造的过程中存在一定的差异，造成每台发动机之间在性能（包括起动能力）上存在一定的差异。因此在进行发动机空中起动包线确定的过程中需要考虑发动机之间的差异导致的起动能力不同。

2.7　动力装置发动机安装系统设计

发动机安装系统主要作用是传递来自发动机的载荷并将发动机固定在飞机吊挂结构上,由前安装节、后安装节和推力杆组成,通过前、后安装节连接于吊挂上,每个安装节都承受来自动力装置的垂直和侧向载荷。动力装置的轴向载荷则由推力轭经推力杆传递给后安装节。因此,发动机的安装节设计必须满足相应的材料适用性、耐久性、闪电防护、结构防护以及防火要求。

2.7.1　发动机安装系统设计的要求

1) 功能定义

发动机安装系统用于连接发动机与飞机吊挂,并有效地将动力装置因发动机推力产生的载荷传递给飞机,使飞机获取产生升力所需的前进速度。其主要功能为:

(1) 在各种使用环境和飞行状态下,把发动机推力传递到飞机结构,承受各种载荷及热膨胀,确保发动机的安装位置牢固可靠以及动力装置系统能正常工作。

(2) 在各种使用环境和飞行状态下,隔离发动机结构和飞机间有害的振动传递。

2) 适航要求

动力装置发动机安装系统适用的其适用的 CCAR25 部条款及其内容如表 2-5 所示。

表 2-5　支线飞机动力装置发动机安装系统相关适航条款

序号	条款	标题	内　　容
1	25.581(a)	闪电防护	(a) 飞机必须具有防止闪电引起的灾难性后果的保护措施。
2	25.581(b)	闪电防护	(b) 对于金属组件,下列措施之一可表明符合本条(a)的要求: (1) 该组件合适地搭接到飞机机体上; (2) 该组件设计成不致因闪击而危及飞机。
3	25.601	总则	飞机不得有经验表明是危险的或不可靠的设计特征或细节。每个有疑问的设计细节和零件的适用性必须通过试验确定。
4	25.603(a)	材料	其损坏可能对安全性有不利影响的零件所用材料的适用性和耐久性必须满足下列要求: (a) 建立在经验或试验的基础上;
5	25.603(b)	材料	其损坏可能对安全性有不利影响的零件所用材料的适用性和耐久性必须满足下列要求: (b) 符合经批准的标准(如工业或军用标准,或技术标准规定),保证这些材料具有设计资料中采用的强度和其它性能;

（续表）

序号	条款	标题	内　容
6	25.603(c)	材料	其损坏可能对安全性有不利影响的零件所用材料的适用性和耐久性必须满足下列要求： (c) 考虑服役中预期的环境条件，如温度和湿度的影响。
7	25.605(a)	制造方法	(a) 采用的制造方法必须能生产出一个始终完好的结构。如果某种制造工艺(如胶接、电焊或热处理)需要严格控制才能达到此目的，则该工艺必须按照批准的工艺规范执行。
8	25.607	紧固件	(a) 下列任一情况下，每个可卸的螺栓、螺钉、螺母、销钉或其它可卸紧固件，必须具有两套独立的锁定装置： (1) 它的丢失可能妨碍在飞机的设计限制内用正常的驾驶技巧和体力继续飞行和着陆； (2) 它的丢失可能使俯仰、航向或滚转操纵能力或响应下降至低于本部 B 分部的要求。 (b) 本条(a)规定的紧固件及其锁定装置，不得受到与具体安装相关的环境条件的不利影响。 (c) 使用过程中经受转动的任何螺栓都不得采用自锁螺母，除非在自锁装置外还采用非摩擦锁定装置。
9	25.609(a)	结构防护	每个结构零件必须满足下列要求： (a) 有适当的保护，以防止使用中由于任何原因而引起性能降低或强度丧失，这些原因中包括： (1) 气候； (2) 腐蚀； (3) 磨损。
10	25.609(b)	结构防护	每个结构零件必须满足下列要求： (b) 在必须保护的部位有通风和排水措施。
11	25.865	飞行操纵系统、发动机架和其它飞行结构的防火	位于指定火区或可能受到火区着火影响的邻近区域内必不可少的飞行操纵系统、发动机架和其它飞行结构，必须用防火材料制造或加以屏蔽，使之能经受住着火影响。

3）设计要求

动力装置发动机安装系统主要设计要求包括如下：

（1）发动机安装系统的使用和存放限制温度应满足飞机环境温度包线。

（2）发动机安装系统设计应充分考虑在飞机整个飞行包线范围内和发动机任何工作状态下所能出现的发动机最大推力载荷和飞机最大机动过载。

（3）发动机安装系统的结构部件作为机体结构件，应满足全机经济寿命的要求。

（4）发动机安装系统应当能够隔离发动机振动对飞机的影响。

（5）发动机安装系统应当能够满足发动机正常工作时的温度影响。

（6）发动机安装系统采取必要的热补偿措施。

（7）发动机安装系统应使飞机的重量增量尽可能小。

2.7.2　发动机安装系统设计的输入

动力装置发动机安装系统主要设计输入来源于发动机本体和飞机结构及强度，主要输入参数如下所示：

（1）发动机扭矩载荷、陀螺载荷、风扇叶片飞出载荷、风车载荷及安装节系统结构疲劳载荷谱。

（2）发动机重量、重心、惯性矩和惯性积。

（3）发动机最大推力和发动机最大反推力。

（4）飞机静载荷、动载荷。

（5）飞机应急断离载荷情况下发动机重心处的惯性载荷及气动力。

（6）发动机重心处的疲劳载荷谱及离散源损伤容限剩余强度载荷和非离散源损伤容限剩余强度载荷。

2.7.3　发动机安装系统设计的验证

动力装置发动机安装系统符合性验证主要通过动力装置发动机安装系统设计适航符合性说明和动力装置发动机安装系统设计适航符合性计算分析来进行。相关符合性验证活动概述如下：

1）动力装置发动机安装系统设计适航符合性说明

（1）通过设计说明，表明发动机安装节，其零部件选用金属材料，并且与飞机吊挂结构连接，搭接可靠，并且整个安装节由短舱蒙皮进行包裹，可以起到闪电防护的作用。

（2）通过设计说明，表明发动机安装节通过等待安全、损伤容限准则设计，能够保证可靠性，并且该设计理念在大部分机型的安装系统中都被应用。

（3）通过设计说明，表明发动机前/后安装节所用材料广泛应用于在役发动机和飞机中，发动机安装节上使用同类材料符合行业经验。此外发动机安装节已经随发动机完成33部中的相应条款的验证。

（4）通过设计说明，表明前安装节和后安装节所在位置温度梯度变化不大，可将热应力忽略不计。

（5）通过设计说明，表明发动机前/后安装节已经随发动机一起取得发动机型号合格证，表明其所采用的生产工艺及制造方法均通过33部批准。

（6）通过设计说明，表明整个安装节设计采用破损-安全的设计原则，保证任何一个螺栓的丢失不会导致条款25.607(a)(1)(2)的两种情况发生。

（7）通过设计说明，表明前/后安装节上可能经受转动的螺栓，均使用非摩擦锁定装置作为预防松动的措施。

（8）通过设计说明，表明发动机前/后安装节由短舱罩体进行包裹，避免了与外界大气进行直接接触，不会受到气候变化的直接影响，有效防止了外界气候对安装节的腐蚀影响。安装节所使用材料在高湿度情况下的性能稳定，并具有在高湿度情况抵御腐蚀的特性。此外，发动机前/后安装节通过使用套筒、套管及内衬球面轴承的方式进行结构保护，防止磨损。

（9）通过设计说明，表明发动机安装节在设计时考虑了通风、防火措施。

（10）对发动机安装系统的设计原则、部件组成和制造材料进行设计说明，并对未直接满足防火要求的材料，说明采用了安装节破损-安全设计并通过计算分析方法进一步对其防火能力进行分析验证。

2）动力装置发动机安装系统设计适航符合性计算分析

对发动机前后安装节中的非防火材料的部件开展数值模拟分析计算，在各种火情及飞行状态下，表明由连接载荷和相应温度下的材料许用载荷换算得到的部件及相应破损安全结构的强度安全裕度均大于零，满足条款 25.865 要求。

2.7.4 发动机安装系统设计的关键技术

在动力装置发动机安装系统研制过程中，形成的主要关键技术内容包括如下：

（1）安装节强度验证技术，即针对发动机安装节静强度和疲劳强度分别进行了计算分析和试验验证。

（2）安装节防火验证技术，即针对安装节中的非防火材料部件开展数值计算，通过分析材料在各种火情下强度安全裕度用以支持适航验证。

2.8 发动机控制系统设计

发动机控制系统是一个基于计算机的电子控制系统，一般由双通道的 FADEC、燃油计量阀、永磁发电机、发动机传感器、VSV 作动筒、VBV 作动筒、瞬态放气阀（TBV）、高压涡轮间隙阀（HPTCCV）、发动机构型插头（ECP）和点火系统等组成。发动机控制系统的主要功能是对发动机进行推力管理、瞬态控制、起动和点火控制、超温和超速保护、发动机振动监控和配平、信息指示和状态监控、故障诊断及限时派遣等控制。

2.8.1 控制系统设计的要求

1）功能定义

发动机作为飞机的重要组成部件，是飞机推力、气源、电源和液压源，是飞机所有能源的来源，被喻为飞机的心脏。而发动机控制系统又是发动机的大脑，负责控制发动机正常并且安全地提供能源、重要信息给飞机和机组。

发动机控制系统的主要功能是对发动机进行推力管理、瞬态控制、起动和点火控制、超温和超速保护、发动机振动监控和配平、信息指示和状态监控、故障诊断及限时派遣等控制，使发动机能够在各个飞行条件下满足飞机需求。

2）适航要求

动力装置控制系统适用的 CCAR25 部条款及其内容如表 2-6 所示。

表 2-6　支线飞机动力装置控制系统相关适航条款

序号	条款	标题	内　　容
1	25.903(d)(2)	发动机	(d) 涡轮发动机的安装　对于涡轮发动机的安装有下列规定： (2) 与发动机各控制装置、系统、仪表有关的各动力装置系统的设计必须能合理保证，在服役中不会超过对涡轮转子结构完整性有不利影响的发动机使用限制。
2	25.904	起飞推力自动控制系统（ATTCS）	请求批准安装发动机功率控制系统（该系统在起飞过程中当任一发动机失效时自动地重新调定工作发动机的功率或推力）的申请人必须满足附录 I 的要求。〔中国民用航空总局 1990 年 7 月 18 日第一次修订〕
3	25.933(a)(3)	反推力系统	(a) 涡轮喷气发动机反推力系统 (3) 涡轮喷气发动机反推力系统，必须有措施防止在反推力系统有故障时发动机产生大于慢车状态的推力。但是，在运行中预期的最临界反推力情况下，只要表明仅采取气动力措施能保证飞机的航向操纵，则发动机可以产生更大的正推力。
4	25.939(a)	涡轮发动机工作特性	(a) 必须在飞行中检查涡轮发动机的工作特性，以确认在飞机和发动机使用限制范围内的正常和应急使用期间，不会出现达到危险程度的不利特性（如失速、喘振或熄火）。
5	25.1143(c)	发动机的操纵器件	(c) 每个功率（推力）操纵器件必须能对其操纵的发动机进行确实和及时反应的操纵。
6	25.1301(d)	功能和安装	(d) 在安装后功能正常。
7	25.1309(c)	设备、系统及安装	(c) 必须提供警告信息，向机组指出系统的不安全工作情况并能使机组采取适当的纠正动作。系统、控制器件和有关的监控与警告装置的设计必须尽量减少可能增加危险的机组失误。
8	25.1529	持续适航文件	申请人必须根据本部附录 H 编制适航当局可接受的持续适航文件。如果有计划保证在交付第一架飞机之前或者在颁发标准适航证之前完成这些文件，则这些文件在型号合格审定时可以是不完备的。

3）设计要求

动力装置控制系统设计要求主要包括如下：

（1）发动机控制应采用带余度的全权限数字式发动机控制（FADEC）。

（2）FADEC除实现发动机的内部控制功能外，通过与飞机系统的交联应实现下列功能：

a. 发动机起动/点火/停车功能。

b. 推力管理功能。

c. 反推力控制，包括单发反推失效的推力控制。

d. 动力装置系统指示告警功能。

e. 发动机故障判断和记录功能。

f. 提供飞机要求的必要的发动机参数信息。

g. 自检测功能。

h. 至少提供满足CCAR121部要求的FDR记录信息。

（3）FADEC的每个通道应独立供电。

（4）FADEC安装在短舱内不需要飞机提供冷却。

（5）FADEC故障时，发动机不应出现影响飞行安全的性能下降，也不需要飞行员有附加的工作。

（6）发动机振动监测系统应能够实时监测发动机低压转子振动值和高压转子振动值。

（7）发动机振动监测系统应具有计算发动机低压转子配平的能力。

2.8.2 控制系统设计的输入

动力装置控制系统设计的输入主要来自飞机各个系统间的接口定义，主要接口系统包括飞机航电系统、自动飞行系统、大气数据系统、空气管理系统、起落架系统、APU、机载维护系统、指示告警系统以及动力装置电气接口，主要接口内容包括如下：

（1）根据飞机整个数据网络架构确定数据类型，再根据FADEC两个通道的隔离要求以及安全性分析确定FADEC与航电的网络架构。

（2）来自动飞行系统的N1配平值用于N1配平。

（3）大气数据系统的总温、总压、静温、静压等大气数据和飞行条件，用于计算当前飞机空速、高度，并进行发动机推力控制。

（4）空气管理系统的引气构型，用于发动机N1转速控制。

（5）轮载信号用于反推控制。

（6）APU对发动机起动阀开启信号获取需求。

（7）机载维护系统对发动机故障信息获取需求。

（8）飞机显示系统对发动机相关参数获取需求。

（9）EICU对发动机运行状态信号获取需求。

（10）发动机振动监控系统对发动机振动信号和转速信号获取需求。

（11）发动机振动监控系统对驾驶舱操作输入的获取需求。

2.8.3 控制系统设计的验证

动力装置控制系统设计适航符合性验证主要通过动力装置控制系统设计适航符合性地面试验和动力装置控制系统设计适航符合性飞行试验来进行。相关符合性验证活动概述如下：

1）动力装置控制系统设计适航符合性地面试验

通过地面试验，检查发动机控制系统是否对输入操作做出正确响应，用以表明对相应适航条款要求的满足情况。试验包括起飞参数设置、ATTCS 功能验证、加速和减速试验、N1 目标值验证、ADC 故障模拟验证、发动机振动配平功能机上地面试验。其中加速和减速试验包括了快速加减速、加减速跟随性、阶梯加减速、遭遇加减速、贫油熄火边界验证、慢加速和慢减速、遭遇加减速验证 TBV 逻辑试验。

2）动力装置控制系统设计适航符合性地飞行试验

通过飞行试验，检查发动机的加速和减速特性，检查在各种正常和非正常机动时，发动机瞬态及稳态工作的工作特性，并检查发动机各参数指示是否正确和是否出现动力装置相关的告警信息，用以表明对相应适航条款要求的满足情况。试验包括加减速控制与操纵特性、起飞和爬升、复飞模式下目标风扇转速验证、N1 目标值验证、发动机推力等级选择等。

2.8.4 控制系统设计的关键技术

在动力装置控制系统研制过程中，主要关键技术包括以下两方面：

（1）基于安全性的动力装置控制系统与飞机交联设计与验证技术。该项技术主要基于动力装置控制系统设计架构，通过对动力装置控制系统与飞机燃油、电源、电气、液压、起落架、航电、环空、驾驶舱等系统交联设计功能故障模式和发动机控制系统内部功能故障模式影响进行分析，对动力装置控制系统与飞机交联设计符合性进行验证。

（2）使用飞机机载设备发动机振监控组件（engine vibration monitoring unit，EVMU）进行发动机振动配平计算的技术。该项技术相比传统的三元配平法，不需要发动机多次开车，利用日常航线飞行累计的数据，即可由 EVMU 自动计算出发动机振动配平方案，可以为航空公司节约大量的时间及金钱成本。该技术包括从前期需求捕获，方案设计到振动因子试验，振动配平功能验证。

（3）适用于航线维护、可快速故障隔离定位的动力装置系统设计技术。主要通过设计实现了由发动机 FADEC、驾驶舱告警显示系统和中央维护系统组成的一套的快速查找和定位动力装置系统故障的方法。该方法可以有效提升飞机试飞期间和投入运营后动力装置系统相关排故周期和成本。

2.8.5 控制系统设计的关注点

在动力装置控制系统验证过程中,应特别留意对动力装置控制系统的安全性分析和验证,主要关注点如下:

(1) 在对系统进行安全性分析时,首先应明确安全性分析的对象。作为主制造商,在进行安全性分析时,除了从系统层面,更要从飞机层面进行分析。在进行发动机控制系统安全性分析过程中更应该关注发动机控制系统与飞机接口部分,如驾驶舱操纵器件、EICU、EVMU、飞机电源等。

(2) 安全性分析应层次明确,有条理,确保不会出现漏项。在进行安全性分析时,先对分析对象的架构进行说明。

2.9 动力装置操纵器件设计

动力装置系统操纵器件主要包括:油门控制组件、燃油切断装置、发动机起动和起动终止按钮、发动机点火旋钮、发动机超限和派遣数据清零旋钮、FADEC 维护上电按钮、ATTCS 抑制按钮及相关阀门。本文主要对油门控制组件的设计进行介绍。

油门控制组件安装在驾驶舱中央操纵台上,每个油门杆对应一台发动机,两个油门杆相互独立,左侧油门杆控制左侧发动机,右侧油门杆控制右侧发动机。

2.9.1 操纵器件设计的要求

1) 功能定义

油门杆的功能包括:

(1) 发动机燃油控制。

(2) 自动油门。

(3) 杆位置感应。

(4) 反推力控制。

(5) 起飞/复飞按钮。

(6) 自动油门断开开关。

(7) 自动油门断开开关。

(8) 推力杆卡位和软卡位。

(9) 照明。

(10) 近慢车位开关。

(11) 异物屏蔽。

2) 适航要求

动力装置操纵器件设计相关的 CCAR25 部条款如表 2 - 7 所示。

表 2-7 支线飞机动力装置操纵器件相关适航条款

序号	条款	标题	内　容
1	301(a)	载荷	(a) 强度的要求用限制载荷(服役中预期的最大载荷)和极限载荷(限制载荷乘以规定的安全系数)来规定。除非另有说明,所规定的载荷均为限制载荷。
2	303	安全系数	除非另有规定,当以限制载荷作为结构的外载荷时,必须采用安全系数 1.5;当用极限载荷来规定受载情况时,不必采用安全系数。
3	305	强度和变形	(a) 结构必须能够承受限制载荷而无有害的永久变形。在直到限制载荷的任何载荷作用下,变形不得妨碍安全运行。 (b) 结构必须能够承受极限载荷至少三秒钟而不破坏,但是当用模拟真实载荷情况的动力试验来表明强度的符合性时,则此三秒钟的限制不适用。进行到极限载荷的静力试验必须包括加载引起的极限变位和极限变形。当采用分析方法来表明符合极限载荷强度要求时,必须表明符合下列三种情况之一: (1) 变形的影响是不显著的; (2) 在分析中已充分考虑所涉及的变形; (3) 所用的方法和假设足以计及这些变形影响。 (c) 如果结构的柔度特性使在飞机运行情况中很可能出现的任一加载速率会产生比相应于静载荷的应力大得多的瞬态应力,则必须考虑这种加载速率的影响。 (f) 除经证明为极不可能的情况外,飞机必须设计成能承受因飞行操纵系统的任何故障、失效或不利情况而引起的结构强迫振动。这些强迫振动必须视为限制载荷,并必须在直到 VC/MC 的各种空速下进行研究。
4	307	结构符合性的证明	(a) 必须表明每一临界受载情况下均符合本分部的强度和变形要求。只有在经验表明某种结构分析方法对某种结构是可靠的情况下,对于同类的结构,才可用结构分析来表明结构的符合性。当限制载荷试验可能不足以表明符合性时,适航当局可以要求作极限载荷试验。 (d) 当用静力或动力试验来表明符合第 25.305(b)条对飞行结构的要求时,对于试验结果必须采用合适的材料修正系数。如果被试验的结构或其一部分具有下列特征:多个元件对结构总强度均有贡献,而当一个元件损坏以后,载荷通过其它路径传递导致重新分布,则不必采用材料修正系数。

（续表）

序号	条款	标题	内　　容
5	581	闪电防护	(a) 飞机必须具有防止闪电引起的灾难性后果的保护措施。 (b) 对于金属组件，下列措施之一可表明符合本条(a)的要求： 　(1) 该组件合适地搭接到飞机机体上； 　(2) 该组件设计成不致因闪击而危及飞机。
6	601	设计与构造：总则	飞机不得有经验表明是危险的或不可靠的设计特征或细节。每个有疑问的设计细节和零件的适用性必须通过试验确定。
7	603	材料	其损坏可能对安全性有不利影响的零件所用材料的适用性和耐久性必须满足下列要求： (a) 建立在经验或试验的基础上； (b) 符合经批准的标准(如工业或军用标准，或技术标准规定)，保证这些材料具有设计资料中采用的强度和其它性能； (c) 考虑服役中预期的环境条件，如温度和湿度的影响。
8	605	制造方法	(a) 采用的制造方法必须能生产出一个始终完好的结构。如果某种制造工艺(如胶接、点焊或热处理)需要严格控制才能达到此目的，则该工艺必须按照批准的工艺规范执行。 (b) 飞机的每种新制造方法必须通过试验大纲予以证实。
9	607	紧固件	(a) 下列任一情况下，每个可卸的螺栓、螺钉、螺母、销钉或其它可卸紧固件，必须具有两套独立的锁定装置： 　(1) 它的丢失可能妨碍在飞机的设计限制内用正常的驾驶技巧和体力继续飞行和着陆； 　(2) 它的丢失可能使俯仰、航向或滚转操纵能力或响应下降至低于本部 B 分部的要求。 (b) 本条(a)规定的紧固件及其锁定装置，不得受到与具体安装相关的环境条件的不利影响。 (c) 使用过程中经受转动的任何螺栓都不得采用自锁螺母，除非在自锁装置外还采用非摩擦锁定装置。
10	609	结构保护	每个结构零件必须满足下列要求： (a) 有适当的保护，以防止使用中由于任何原因而引起性能降低或强度丧失，这些原因中包括： 　(1) 气候； 　(2) 腐蚀； 　(3) 磨损。 (b) 在必须保护的部位有通风和排水措施。
11	613	材料的强度性能和材料的设计值	(a) 材料的强度性能必须以足够的材料试验为依据(材料应符合经批准的标准)，在试验统计的基础上制定设计值。

序号	条款	标题	内　容
			(b) 材料的设计值必须使因材料偏差而引起结构破坏的概率降至最小。除本条(e)和(f)的规定外,必须通过选择确保材料强度具有下述概率的设计值来表明其符合性本:
			(1) 如果所加的载荷最终通过组件内的单个元件传递,因而该元件的破坏会导致部件失去结构完整性,则概率为99%,置信度95%。
			(2) 对于单个元件破坏将使施加的载荷安全地分配到其它承载元件的静不定结构,概率为90%,置信度95%。
			(c) 在飞机运行包线内受环境影响显著的至关重要的部件或结构,必须考虑环境条件,如温度和湿度,对所用材料的设计值的影响。
			(e) 如果在使用前对每一单项取样进行试验,确认该特定项目的实际强度性能等于或大于设计使用值,则通过这样"精选"的材料可以采用较高的设计值。
12	619	特殊系数	对于每一结构零件,如果属于下列任一情况,则第25.303条规定的安全系数必须乘以第25.621条至第25.625条规定的最高的相应特殊安全系数:
			(a) 其强度不易确定;
			(b) 在正常更换前,其强度在服役中很可能降低;
			(c) 由于制造工艺或检验方法中的不定因素,其强度容易有显著变化。
13	621	铸件系数	(a) 总则　在铸件质量控制所需的规定以外,还必须采用本条(b)至(d)规定的系数、试验和检验。检验必须符合经批准的规范,除作为液压或其它流体系统零件而要进行充压试验的铸件和不承受结构载荷的铸件外,本条(c)和(d)适用于任何结构铸件。
			(b) 支承应力和支承面　本条(c)和(d)规定的铸件的支承应力和支承面,其铸件系数按下列规定:
			(1) 不论铸件采用何种检验方法,对于支承应力取用的铸件系数不必超过1.25;
			(2) 当零件的支承系数大于铸件系数时,对该零件的支承面不必采用铸件系数。
			(c) 关键铸件　对于其损坏将妨碍飞机继续安全飞行和着陆或严重伤害乘员的每一铸件,采用下列规定:
			(1) 每一关键铸件必须满足下列要求:
			(i) 具有不小于1.25的铸件系数;
			(ii) 100%接受目视、射线和磁粉(或渗透)检验,或经批准的等效的无损检验方法的检验。
			(2) 对于铸件系数小于1.50的每项关键铸件,必须用三个铸件样品进行静力试验并表明下列两点:

(续表)

序号	条款	标题	内　　容
			(i) 在对应于铸件系数为 1.25 的极限载荷作用下满足第 25.305 条的强度要求；
			(ii) 在 1.15 倍限制载荷的作用下满足第 25.305 条的变形要求。
			(3) 典型的关键铸件有：结构连接接头，飞行操纵系统零件，操纵面铰链和配重连接件，座椅、卧铺、安全带、燃油箱、滑油箱的支座和连接件以及座舱压力阀。
			(d) 非关键铸件　除本条(c)规定的铸件外，对于其它铸件采用下列规定：
			(1) 除本条(d)(2)和(3)规定的情况外，铸件系数和相应的检验必须符合下表：

铸件系数	检验
等 于 或大于 2.0	100％目视。
小于 2.0 大于 1.5	100％目视、磁粉（或渗透）、或等效的无损检验方法。
1.25 至 1.50	100％目视、磁粉（或渗透）和射线，或经批准的等效的无损检验方法。

序号	条款	标题	内　　容
			(2) 如果已制定质量控制程序并经批准，本条(d)(1)规定的非目视检验的铸件百分比可以减少；铸件百分比可以减少；
			(3) 对于按照技术条件采购的铸件（该技术条件确保铸件材料的机械性能，并规定按抽样原则从铸件上切取试件进行试验来证实这些性能），规定如下：
			(i) 可以采用 1.0 的铸件系数；
			(ii) 必须按本条(d)(1)中铸件系数为"1.25 至 1.50"的规定进行检验，并按本条(c)(2)进行试验。
14	623	支承系数	(a) 除本条(b)规定的情况外，每个有间隙（自由配合）并承受敲击或振动的零件，必须有足够大的支承系数以计及正常的相对运动的影响。
			(b) 对于规定有更大的特殊系数的零件，不必采用支承系数。
15	625	接头系数	对于接头（用于连接两个构件的零件或端头），采用以下规定：
			(a) 未经限制载荷和极限载荷试验（试验时在接头和周围结构内模拟实际应力状态）证实其强度的接头，接头系数至少取 1.15。这一系数必须用于下列各部分：

（续表）

序号	条款	标题	内　容
			（1）接头本体； （2）连接件或连接手段； （3）被连接构件上的支承部位。 （b）下列情况不必采用接头系数： 　（1）按照批准的工艺方法制成并有全面试验数据为依据的接合（如金属钣金连续接合、焊接和木质件中的嵌接）； 　（2）任何采用更大特殊系数的支承面。 （c）对于整体接头，一直到截面性质成为其构件典型截面为止的部分必须作为接头处理；
16	681	限制载荷静力试验	（a）必须按下列规定进行试验，来表明满足本部限制载荷的要求： 　（1）试验载荷的方向应在操纵系统中产生最严重的受载状态； 　（2）试验中应包括每个接头、滑轮和用以将系统连接到主要结构上的支座。 （b）作角运动的操纵系统的关节接头，必须用分析或单独的载荷试验表明满足特殊系数的要求。
17	683	操作试验	必须用操作试验表明，对操纵系统中受驾驶员作用力的部分施加规定的该系统限制载荷的 80%，以及对操纵系统中受动力载荷的部分施加正常运行中预期的最大载荷时，系统不出现下列情况： （a）卡阻； （b）过度摩擦； （c）过度变形。
18	685(a) 685(b) 685(d)	操纵系统的细节设计	（a）操纵系统的每个细节必须设计和安装成能防止因货物、旅客、松散物或水气凝冻引起的卡阻、摩擦和干扰。 （b）驾驶舱内必须有措施在外来物可能卡住操纵系统的部位防止其进入。 （d）第 25.689 条和第 25.693 条适用于钢索系统和关节接头。
19	693	关节接头	有角运动的操纵系统的关节接头（在推拉系统中），除了具有滚珠和滚柱轴承的关节接头外，用作支承的最软材料的极限支承强度必须具有不低于 3.33 的特殊安全系数。对于钢索操纵系统的关节接头，该系数允许降至2.0。对滚珠和滚柱轴承，不得超过经批准的载荷额定值。
20	777	驾驶舱操纵器件	（b）驾驶舱操纵器件的运动方向必须符合第 25.779 条的规定。凡可行处，其它操纵器件操作动作的直感必须与此种操作对飞机或对被操作部分的效果直感一致。用旋转运动调节大小的操纵器件，必须从断开位置顺时针转起，经过逐渐增大的行程达到全开位置。

（续表）

序号	条款	标题	内 容
			（g）操纵手柄必须设计成第 25.781 条规定的形状。此外，这些手柄必须是同色的，而且颜色与其它用途的操纵手柄和周围驾驶舱的颜色有鲜明的对比。
21	779（b）（1）	驾驶舱操纵器件的动作和效果	驾驶舱操纵器件必须设计成使它们按下列运动和作用来进行操纵： （b）动力装置操纵器件和辅助操纵器件： （1）动力装置操纵器件

操纵器件	动作和效果
功率或推力杆	油门杆向前使正推力增大，向后使反推力增大
螺旋桨	向前使转速增加
混合比	向前或向上使富油
汽化器空气加热	向前或向上使冷却
气加热	对于低压头增压器，向前或向上使压力增大
增压器	对于涡轮增压器，向前、向上或顺时针转动使压力增大

序号	条款	标题	内 容
22	781	驾驶舱操纵手柄形状	驾驶舱操纵手柄必须符合下图中的一般形状（但无需按其精确大小和特定比例）：

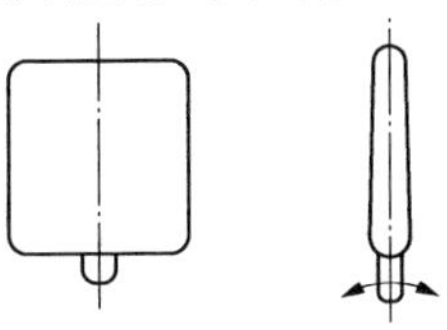

襟翼操纵手柄 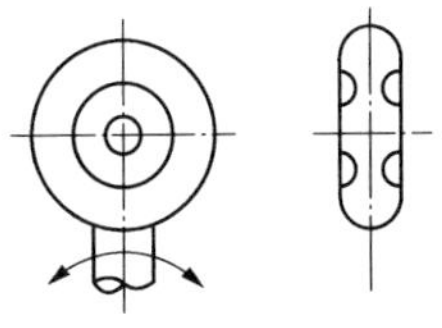　　　　　起落架操纵手柄

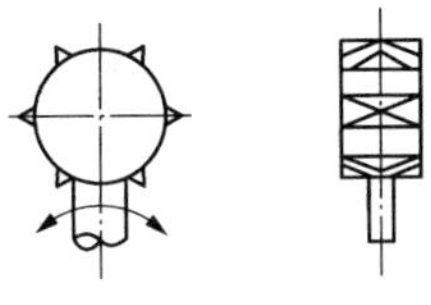

混合比操纵手柄 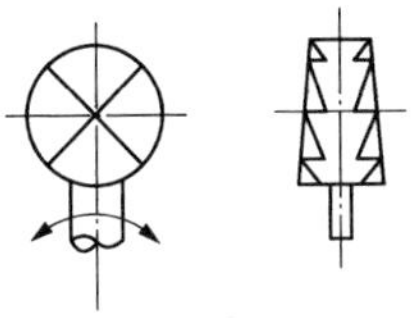　　　　增压器操纵手柄

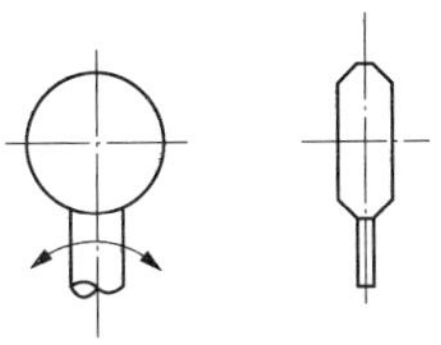

功率或推力操纵手柄 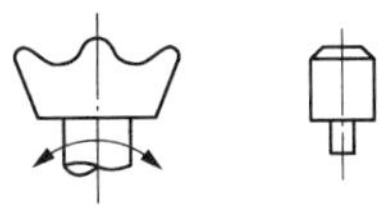　　转速操纵手柄

序号	条款	标题	内　容
23	899	电搭接和防静电保护	（a）电气接地和防静电保护的设计，必须使得造成如下危害的静电积聚最小： （1）人员电击受伤 （2）点燃可燃蒸气，或 （3）干扰安装的电子电气设备 （b）通过如下方法，以证明符合本条（a）段的要求： （1）将部件对机身可靠接地，或 （2）采取其他可接受的方法消除静电，使其不再危及飞机、人员或其他安装的电子电气系统的正常运行。
24	901（b）(2) 901（b）(4) 901(c)	安装	（b）对于动力装置，必须满足下列要求： （2）安装的各部件其构造、布置和安装必须保证在正常检查或翻修的间隔期内能继续保持安全运转； （4）安装的主要部件必须与飞机其它部分电气搭接。 （c）对于动力装置和辅助动力装置的安装，必须确认任何单个失效或故障或可能的失效组合都不会危及飞机的安全运行，但如果结构元件的破损概率极小，则这种破损不必考虑。
25	903(b)	发动机	（b）发动机的隔离各动力装置的布置和相互隔离，必须至少能在一种运行形态下，使任一发动机或任一能影响此发动机的系统失效或故障时，不致发生下列情况： （1）妨碍其余发动机继续安全运转； （2）需要任何机组成员立即采取动作以保证继续安全运行。
26	1141	动力装置的操纵器件：总则	动力装置的操纵器件：总则 动力装置操纵器件的位置、排列和设计，必须符合第25.777至25.781条的规定，并按第25.1555条的要求作标记。
27	1141(c)	动力装置的操纵器件：总则	动力装置的操纵器件：总则 动力装置操纵器件的位置、排列和设计，必须符合第25.777至25.781条的规定，并按第25.1555条的要求作标记。 （c）操纵器件必须具有足够的强度和刚度，能承受工作载荷而不失效和没有过度的变形；
28	1141(d)	动力装置的操纵器件：总则	动力装置的操纵器件：总则 动力装置操纵器件的位置、排列和设计，必须符合第25.777至25.781条的规定，并按第25.1555条的要求作标记。 （d）操纵器件必须能保持在任何给定的位置而不需飞行机组成员经常注意，并且不会由于操纵载荷或振动而滑移；

（续表）

序号	条款	标题	内　　容
29	1141（f）（1） 1141（f）（2）	动力装置的操纵器件：总则	动力装置的操纵器件：总则 动力装置操纵器件的位置、排列和设计，必须符合第 25.777 至 25.781 条的规定，并按第 25.1555 条的要求作标记。 （f）位于驾驶舱内的动力装置阀门操纵器件必须有如下措施： 　（1）飞行机组可以选择阀门的每个指定位置或者功能；和 　（2）向飞行机组指示下列情况： 　　（i）阀门的所选位置或功能；和 　　（ii）阀门没有处于指定选择的位置或功能。
30	1143（c） 1143（d） 1143（f）	发动机的操纵器件	发动机的操纵器件 （c）每个功率（推力）操纵器件必须能对其操纵的发动机进行确实及及时反应的操纵。 （d）操纵器件必须能保持在任何给定的位置而不需飞行机组成员经常注意，并且不会由于操纵载荷或振动而滑移； （f）位于驾驶舱内的动力装置阀门操纵器件必须满足以下要求： 　（1）飞行机组可以选择阀门的每个指定位置或者功能；和 　（2）向飞行机组指示下列情况： 　　（i）阀门的所选位置或功能；和 　　（ii）阀门没有处于指定选择的位置或功能。
31	1155	反推力和低于飞行状态的桨距调定	反推力和低于飞行状态的桨距调定 用于反推力和低于飞行状态的桨距调定的每一操纵器件，均必须有防止被误动的措施。该措施在飞行慢车位置必须有确实的锁或止动器，而且必须要求机组采取另外明显动作，才能将操纵器件从飞行状态（对于涡轮喷气发动机飞机为正推力状态）的位置移开。
32	1301	功能和安装	（a）所安装的每项设备必须符合下列要求： 　（1）其种类和设计与预定功能相适应； 　（2）用标牌标明其名称、功能或使用限制，或这些要素的适用的组合； 　（3）按对该设备规定的限制进行安装； 　（4）在安装后功能正常。 （b）电气线路互联系统（EWIS）必须符合本规定 H 分部的要求。
33	1309	设备、系统及安装	（a）凡航空器适航标准对其功能有要求的设备、系统及安装，其设计必须保证在各种可预期的运行条件下能完成预定功能。

序号	条款	标题	内　　容
			（b）飞机系统与有关部件的设计，在单独考虑以及与其它系统一同考虑的情况下，必须符合下列规定： （1）发生任何妨碍飞机继续安全飞行与着陆的失效情况的概率极小； （2）发生任何降低飞机能力或机组处理不利运行条件能力的其它失效情况的概率很小。 （c）必须提供警告信息，向机组指出系统的不安全工作情况并能使机组采取适当的纠正动作。系统、控制器件和有关的监控与警告装置的设计必须尽量减少可能增加危险的机组失误。 （d）必须通过分析，必要时通过适当的地面、飞行或模拟器试验，来表明符合本条（b）的规定。这种分析必须考虑下列情况： （1）可能的失效模式，包括外界原因造成的故障和损坏； （2）多重失效和失效未被检测出的概率； （3）在各个飞行阶段和各种运行条件下，对飞机和乘员造成的后果； （4）对机组的警告信号，所需的纠正动作，以及对故障的检测能力。 （e）在表明电气系统和设备的设计与安装符合本条（a）和（b）的规定时，必须考虑临界的环境条件。民用航空规章规定具备的或要求使用的发电、配电和用电设备，在可预期的环境条件下能否连续安全使用，可由环境试验、设计分析或参考其它飞机已有的类似使用经验来表明，但适航当局认可的技术标准中含有环境试验程序的设备除外。联系统（EWIS）进行评估。 （f）必须按照25.1709条的要求对电气线路互联系统（EWIS）进行评估。

3）设计要求

动力装置操纵器件设计要求主要包括：

（1）接口要求。

a. 机械接口要求，包括油门杆偏差、人工感觉摩擦力、软卡位力、按钮操纵力、操纵杆齿隙误差、内锁齿隙误差和操纵杆自动回位、操纵杆校准、反推电子锁、自动油门超控、自动油门随动功能、燃油控制开关、接地。

b. 电气接口要求，包括电气连接、位置传感器要求、自动油门随动要求、按钮要求、反推微动开关、燃油控制开关、发动机告警指示、反推电子锁电磁阀、导光板、接地和飞机电缆、AFCS近慢车微动开关（微动开关1）、WTBS近慢车微动开关（微动开关2)。

（2）视效要求。

a. 导光板。

b. 燃油控制开关表面和照明。

（3）油门台识别要求。

（4）安全性和可靠性要求。

a. 安全性要求。

b. MTBF 要求。

c. 派遣率要求。

（5）DAL 和 EMI/HIRF/闪电防护要求。

（6）维修要求。

a. 初始化测试。

b. 设备搬运和标签。

（7）重量。

（8）安装要求。

（9）特殊设计和构造要求。

a. 危险/禁止使用的材料。

b. 金属材料。

c. 机械部件，包括功能调节螺钉、螺纹。

d. 用电设备和电气设备，包括电路板（PCB）、电气控制单元短路保护。

e. 紧固件。

f. 轴承盒衬套，包括轴承和衬套选择、材料选择。

g. 导光板。

（10）环境要求。

（11）压力和寿命条件。

a. 耐久性要求。

b. 疲劳强度要求。

c. 静强度要求，包括机组操纵力、静应力分析、内锁载荷。

2.9.2　操纵器件设计的输入

动力装置操纵器件设计的输入主要包括：

（1）根据飞机级设计要求和规范，确定的飞机总体对油门台设计的要求。

（2）动力装置系统设计方案。

（3）驾驶舱机载设备设计要求。

（4）照明设计要求。

（5）EMI/HIRF/Lighting 设计要求。

（6）强度设计要求。

（7）安全性设计要求。

2.9.3　操纵器件设计的验证

动力装置操纵器件设计适航符合性验证主要通过动力装置操纵器件设计适航符合性说明、动力装置操纵器件设计适航符合性分析、动力装置操纵器件设计适航符合性地面试验、动力装置操纵器件设计适航符合性飞行试验来进行。相关符合性验证活动概述如下：

1）动力装置操纵器件设计适航符合性说明

通过动力装置操纵器件的原理和技术说明，说明其设计能实现正常的功能并且符合条款足 CCAR25.777、CCAR25.781、CCAR25.1141、CCAR25.1143 和 CCAR25.1555 要求。

2）动力装置操纵器件设计适航符合性计算分析

通过提供有关动力装置操纵器件的分析和计算，来表明其设计符合条款 CCAR25.405 要求，即油门控制组件应力分析选用的载荷为 CCAR25.405 规定的操纵载荷，按条款要求考虑 1.5 倍的安全系数和特殊系数要求，分析结果表明油门控制组件各部件的安全裕度都大于 0，满足载荷和耐久性试验的要求。

3）动力装置操纵器件设计适航符合性地面试验和飞行试验

主要通过结合动力装置系统其他试验，表明在动力装置操纵器件中的油门控制组件使用过程中，油门控制组件具有足够的强度和刚度，能承受工作载荷而不失效和没有过度的变形，油门控制组件能保持在任何给定的位置而不需飞行机组成员经常注意，并且不会由于操纵载荷或振动而滑移，油门控制组件能对其操纵的发动机进行确认和及时反应的操纵。

2.9.4　操纵器件设计的关键技术

动力装置操纵器件研制关键技术主要有如下两项：

（1）单干油门台慢车锁的综合设计技术，即防突破反推机械锁限制进入反推行程，导致反推意外打开。

（2）油门台在驾驶舱的安装设计技术，有效满足了油门杆在 TO/GA 位可达性，提高了人机工效设计。

2.10　动力装置进排气系统设计

动力装置进气系统主要指安装于动力装置前部的发动机进气道。发动机进气道是一个可更换的气动整流罩，用于为发动机风扇和核心机段提供足够的均匀的空气流量，同时进气道的唇口带有防冰设计。进气道安装在风扇机匣前端法兰上，其组件包括进气道唇口、前壁板式隔板、外桶形整流罩、带消音板的内桶形整流罩、后壁板式隔板、指形罩和进气道的安装法兰。

动力装置排气系统主要指安装于动力装置后部的外涵道排气系统和主排气系统。其中外涵道排气系统一般由内外筒气动面组成一个固定面积的环形管道,用于排出风扇出口的气流产生推力,发动机核心舱外罩构成了外涵道排气系统的内筒气动面,短舱整流罩后段的内罩构成了排气系统的外筒气动面。主排气系统由核心喷管和中心体等组成。主排气系统为核心机的排出气流提供了一个固定面积的环形区域,并提供从后核心罩接口处起始的延长的气动整流罩。排气喷管表面有消声设计,喷管也会被设计成锯齿形来降低噪声。

2.10.1 进排气系统设计的要求

1) 功能定义

发动机进气道为几何不可调的亚声速进气道,进气道内的气流通道分为唇口到进气道喉道的收缩段和喉道到进气道出口的扩张段。进气道的功能是将外界空气引入发动机,在飞行速度较大时利用空气流的动能实现压缩过程,向发动机提供各工作状态下所需的稳定而均匀的空气流量。同时通过对进气道外表面的气动型面优化设计,对表面气流流线优化,达到表面层流设计,从而降低短舱表面阻力;通过对进气道内表面的气动型面优化设计以最小化发动机进口的气流损失,提高发动机效率。进气道内侧整流面上安装有单块环状结构消声材料,降低发动机噪声。

发动机排气系统主要功能是为发动机排出气流提供整流作用、准确安全地排出发动机气体并产生推力,同时,为便于降噪,主喷管外形设计成波瓣形。

2) 适航要求

动力装置进排气系统适用的其适用的 CCAR25 部条款及其内容如表 2-8 所示。

表 2-8 支线飞机动力装置进排气系统相关适航条款

序号	条款	标题	内 容
1	25.939	涡轮发动机的工作特性	(a) 必须在飞行中检查涡轮发动机的工作特性,以确认在飞机和发动机使用限制范围内的正常和应急使用期间,不会出现达到危险程度的不利特性(如失速、喘振或熄火); (b) 在正常运行期间,涡轮发动机进气系统不得由于气流畸变的影响而引起有害于发动机的振动。
2	25.1091	进气	(a) 发动机和辅助动力装置的进气系统,应满足下列要求:

（续表）

序号	条款	标题	内　　容
			（1）在申请合格审定的每种运行条件下，必须能够供给该发动机和辅助动力装置所需的空气量；
			（c）除非具备下列条件之一，进气口不得开设在发动机整流罩内：
			（1）用防火隔板将整流罩内设置进气口的部分与发动机的附件部分隔开；
			（d）涡轮发动机飞机和装有辅助动力装置的飞机，应满足下列要求：
			（1）必须有措施防止由可燃液体系统的放液嘴、通气口或其他部件漏出或溢出的危险量燃油进入发动机或辅助动力装置进气系统；
			（d）涡轮发动机飞机和装有辅助动力装置的飞机，应满足下列要求：
			（2）飞机必须设计成能防止跑道、滑行道或机场其它工作场地上危险量的水或雪水直接进入发动机或辅助动力装置的进气道，并且进气道的位置或防护必须使其在起飞、着陆和滑行过程中吸入外来物的程度减至最小；
			（e）如果发动机进气系统中的零件和部件有可能被进入进气口的外来物所损坏，则必须通过试验或分析（如果适用）来表明该进气系统的设计能够经受发动机适航标准第 33.76 条、第 33.77 条和第 33.78(a)(1) 条外来物吸入试验，而零件或部件的损坏而不会造成危害。
3	25.1093	进气系统的防冰	（b）涡轮发动机 （1）每台涡轮发动机必须能在下列条件下在其整个飞行功率（推力）范围（包括慢车）工作，而发动机、进气系统部件或飞机机体部件上没有不利于发动机运转或引起功率或推力严重损失的冰积聚： （i）附录 C 规定的结冰条件； （ii）为飞机作该类营运所制定的使用限制内的降雪和扬雪情况。
			（b）涡轮发动机 （2）每台涡轮发动机必须在温度 $-9 \sim -1$℃（15～30°F）、液态水含量不小于 0.3 克/米 3、水呈水滴状态（其平均有效直径不小于 20 微米）的大气条件下，进行地面慢车运转 30 分钟，此时可供发动机防冰用的引气处

序号	条款	标题	内　容
			于其临界状态,而无不利影响,随后发动机以起飞功率(推力)作短暂运转。在上述 30 分钟慢车运转期间,发动机可以按适航当局可接受的方式间歇地加大转速到中等功率(推力)。
4	25.1103	进气系统管道和空气导管系统	(b) 进气系统管道应满足下列要求: (1) 必须具有足够的强度,能防止进气系统由于正常回火情况而损坏; (2) 进气管道如果位于需要装置灭火系统的任何火区内,必须是耐火的,但辅助动力装置的进气管道在辅助动力装置火区内必须是防火的; (c) 连接在可能有相对运动的部件之间的每根进气管道,必须采用柔性连接; (d) 对于涡轮发动机或辅助动力装置的引气导管系统,如果在空气导管的引气口与飞机的用气装置之间的任何一部位上出现导管破裂,不得造成危害。
5	25.1121(a)	总则	对于动力装置和辅助动力装置安装,采用下列规定: (a) 排气系统必须准确安全地排出废气,没有着火危险,在任何载人舱内也没有一氧化碳污染。为了进行测试,可使用任何可接受的一氧化碳检测方法,来表明不存在一氧化碳; (b) 表面温度足以点燃可燃液体或蒸气的每个排气系统零件,其安置或屏蔽必须使得任何输送可燃液体或蒸气系统的泄漏,不会由于液体或蒸气接触到排气系统(包括排气系统的屏蔽件)的任何零件引起着火; (c) 凡可能受到热废气冲击或受到排气系统零件高温影响的每个部件,均必须是防火的。必须用防火的屏蔽件将所有排气系统部件与邻近的飞机部分(位于发动机和辅助动力装置舱之外的)相隔开; (d) 废气排放时不得使任何可燃液体通气口或放油嘴有着火危险; (e) 废气不得排到所引起的闪光会在夜间严重影响驾驶员视觉的地方; (f) 所有排气系统部件均必须通风,以防某些部位温度过高;

（续表）

序号	条款	标题	内　容
			（g）各排气管罩必须通风或绝热，以免在正常运行中温度过高到足以点燃排气罩外的任何可燃液体或蒸汽。
6	25.1123	排气管	对于动力装置和辅助动力装置安装，采用下列规定： （a）排气管必须是耐热和耐腐蚀的，并且必须有措施防止由于工作温度引起的膨胀而损坏； （b）排气管的支承，必须能承受运行中会遇到的任何振动和惯性载荷； （c）连接在可能有相对运动的部件之间的排气管，必须采用柔性连接。

3）设计要求

动力装置进排气系统设计要求主要包括如下：

（1）进气道的设计应保证其气动阻力，压力恢复、最大使用迎角，侧风和噪声特性都是最佳的。

（2）进气道内的部件安装应足够可靠，以防止其脱落损坏发动机。

（3）进气道唇口应采用热空气防冰系统。

（4）为满足噪声要求，必要时采用噪声吸收结构。

（5）进气道的径向和周向总压畸变限制值必须与发动机相匹配。

（6）喷管几何参数设计的目标应使喷管在实际应用范围内，有尽可能高的推力系数。

（7）排气系统必须准确安全地排出废气，没有着火危险，在任何载人舱内没有一氧化碳污染。

（8）表面温度足以点燃可燃液体或蒸气的每个排气系统零件，其安置或屏蔽必须使得任何输送可燃液体或气体的系统的泄漏，不会由于液体或蒸气接触到排气系统的零件引起着火。

（9）凡可能受到热废气冲击或受到排气系统零件高温影响的每个部件，均必须是防火的。必须用防火的屏蔽件将所有排气系统部件与邻近的飞机部分相隔开。

（10）废气排放时不得使任何可燃液体通气口或放油嘴有着火危险。

（11）所有排气系统部件均必须通风，以防某些部位温度过高。

（12）各排气管罩必须通风或绝热，以免在正常运行中温度高到足以点燃排气管罩外的任何可燃液体或蒸气。

（13）排气管必须是耐热和耐腐蚀的，并且必须有措施防止由于工作温度引起的膨胀而损坏。

（14）排气管的支撑，必须能承受工作中会遇到的任何振动和惯性载荷。

（15）连接在可能有相对运动的部件之间的排气管，必须采用柔性连接。

（16）内外涵管道长度应是足够的，以适合声学处理要求，排气喷管应采用先进的降噪技术以降低噪声，以满足飞机规定的噪声设计要求。

（17）排出气流通过喷口的总压损失和燃气流泄漏应最小。

2.10.2　进排气系统设计的输入

进排气系统的设计作为短舱设计内容的一部分，其外形包括进气道唇口、喉道、扩压段、进气道外表面、外涵道排气系统内表面和主排气系统外表面几个部分。短舱设计公司根据飞机设计公司提供的气动设计参数和发动机公司提供的发动机尺寸硬点约束来设计短舱。

进排气系统设计过程中，需要与发动机本体、飞机总体布局、总体性能、总体气动、总体高升力等专业进行协调，从整个飞机的飞行包线出发，选取对于进排气系统来说是严酷的状态点，同时根据飞行阶段的安排，选取需要针对设计的状态点的飞机构型，并在飞机设计的各个阶段，根据实际情况不断更新对进排气系统的设计要求。

2.10.3　进排气系统设计的验证

动力装置进排气系统符合性验证主要通过动力装置进排气系统设计适航符合性说明、动力装置进排气系统设计适航符合性计算分析、动力装置进排气系统设计适航符合性地面试验、动力装置进排气系统设计适航符合性飞行试验和动力装置进排气系统设计适航符合性机上检查试验来进行。相关符合性验证活动概述如下：

1）动力装置进气系统设计符合性说明

（1）对进气道设计进行描述，并引用发动机进气畸变地面和飞行试验、发动机工作特性地面和飞行试验，以及自然结冰条件下的短舱防冰试验结果，用以说明发动机进气道设计可满足发动机在各种工作状态下的空气流量需求。

（2）对进气道的设计特征进行描述，表明飞机进气口未在整流罩内进行开孔，进气口的位置远离通风出口和排液出口；进气道结构满足飞机正常运行时的载荷要求。

（3）对飞机/发动机总体布局、发动机进气道、发动机本体及系统等相关设计内容进行描述，表明进气道结构设计满足外来物体损伤要求；并引用发动机进气道溅水符合性飞行试验结果，从试验验证的角度表明飞机及其发动机设计对条款的符合性。并在对应的飞机手册中相应的使用限制（主要为水深限制以及相应的飞机起飞着陆性能限制）进行明确定义。

（4）说明发动机不存在回火情况，在非正常工况下，发生喘振或失速时。进气道的设计有足够的强度承受这种载荷。

（5）说明 FADEC 进气管路在后壁板式隔板附近处采用了柔性管连接以适应部件之间的相对运动；发动机外涵道的分墙上安装的铲形进气管与预冷器之间采用了柔性波纹管连接以适应部件之间的相对运动。

（6）说明风扇舱和核心舱均设计有压力释放门，以防止高压引气管破裂造成危害。并且风扇舱的起动管和防冰管，核心舱引气管道均通过了设备鉴定。

（7）对飞机/发动机总体布局、发动机进气道、发动机本体及系统等相关设计内容进行描述，并且对发动机本体在 CCAR33 部取证是对于发动机本体吞冰能力（33.77）以及在附录 C 定义的结冰条件下（包括最大间断和最大连续条件）以及地面冻雾条件下的发动机验证情况进行了描述。

（8）对主排气系统的组成、制造材料、空调系统引气口在发动机的具体位置进行描述，同时指出排气系统将通过地面和飞行试验对驾驶舱和客舱的一氧化碳浓度进行检测，表明对相应适航条款的符合性。

（9）对主排气系统排液设计、开车和关车情况下可燃液体的积聚量进行描述，表明对相应适航条款的符合性。

（10）对主排气系统受到热废气冲击或受到排气系统高温影响的每个部件材料进行描述，并对主排气管与机身的相对距离进行说明，表明对相应条款的符合性。

（11）对排气系统的通风设计进行介绍，说明不会引气着火危险。

（12）从发动机在机身上的相对安装位置说明不存在废气引起闪光而在夜间严重影响驾驶员视觉的地方。

（13）从主排气系统的组成材料、热膨胀的防护设计进行描述，表明主排气系统的设计可防止热膨胀损坏情况的发生。

（14）对排气系统的连接和支撑的设计上说明，排气系统的安装能够承受工作中的振动和过载，同时说明排气管的设计未采用柔性连接。

2）动力装置进排气系统设计符合性计算分析

（1）针对进气道结构进行载荷分析计算，表明进气道结构设计满足外来物体损伤要求。

（2）将发动机本体吞冰台架试验的构型、试验条件以及试验严酷性等方面与 CCAR25 部试验进行了详细的对比分析，表明 CCAR33 部台架试验验证结果完全可以代表并且覆盖 25 部 25.1093（b）（1）（2）条款的要求且更加严酷，可以用来表明对 25.1093（b）（1）条款中定义的最大连续结冰条件的符合性。

（3）对发动机开车和关车状态下，并结合排液和通风系统设计，分析排气系统发生着火的可能性，表明不会发生由于液体或蒸气接触到排气系统（包括排气系统的屏蔽件）的任何零件引发着火。

3）动力装置进排气系统设计符合性地面试验

（1）在无风、侧风和尾风条件下，地面静止状态，进行发动机工作特性试验，包括慢加减速、快加减速、不同 N1 转速台阶试验,用于检验动力装置在地面各种工作条件下,进气道能够供给发动机所需的空气量,不会出现中度以上的发动机不良工作特性,也不会出现有害于发动机的振动;并根据试验结果,制定滑跑起飞的风速、风向运行包线,用于飞行试验验证。

(2)进行进气道溅水试验,以表明在相应水深的试验验证中,没有足以威胁飞行安全的熄火、性能下降或空速波动,若发动机声音或指示参数显示其发生喘振或失速等不良性能特性,其程度不足以导致飞行员在实际运行中执行中断起飞操作。

(3)在正侧风和顺风条件下,开展发动机排气污染地面试验,测量在发动机各种加减速和稳定工作状态下,驾驶舱和客舱内一氧化碳的浓度,以表明地面状态下,驾驶舱和客舱内一氧化碳浓度不会出现超标。

4)动力装置进排气系统设计符合性飞行试验

(1)在无风、侧风、尾风条件下,开展飞行试验,在滑行、起飞和着陆及空中各种机动动作过程中,检验在地面试验制定的滑跑起飞的风速、风向运行包线内,进气道能够供给发动机所需的空气量,不会出现中度以上的发动机不良工作特性,也不会出现有害于发动机的振动。

(2)按照适航条款要求及其咨询通告建议的方法进行自然结冰条件下的发动机风扇冰积聚试验,即在高度 0~22 000 ft 的 CCAR25 部附录 C 规定的自然结冰条件下,在不同的发动机功率状态下开展飞行试验,证明在自然结冰条件下,发动机、进气系统部件或飞机机体部件上没有不利于发动机运转或引起功率或推力严重损失的冰积聚发生。

(3)在侧风条件下,开展发动机排气污染飞行试验,测量在发动机各种加减速和稳定工作状态下,驾驶舱和客舱内一氧化碳的浓度,以表明飞行状态下,驾驶舱和客舱内一氧化碳浓度不会出现超标。

5)动力装置进排气系统设计符合性机上检查试验

通过动力装置进排系统进行机上检查试验,对进气系统的开口位置,进气道后隔板、风扇舱通风进气口及 FADEC 进气口的材料、FADEC 进气柔性管和发动机外涵道进气管与预冷器之间采用了柔性波纹管开展符合性检查,并对排气系统的安装位置、通风排液设计、零部件组成及材料进行符合性检查,表明动力装置进排气系统满足适航要求。

2.10.4 进排气系统设计的关键技术

在动力装置进排气系统研制过程中,主要有以下两方面的关键技术:

(1)为验证进气畸变相关条款的符合性,在进气畸变地面试验和飞行试验中,进气畸变测试方法非常关键,其中可以在试验发动机上加装了一系列测试设备,包括进气道内的压力测量耙、风扇位置处的机匣上安装的光学探头、风扇出口的机匣上安装的动态压力传感器。具体创新点包括：进气畸变数据分析方法、试验点的安排及试验程序制定以及试验侧风包线的制定。将该方法用于进气畸变地面试验和飞行试验中，可以有效验证进气畸变和发动机工作特性相关民用飞机适航条款，同时可以确定飞机运营侧风起飞包线。由于该方法可以将进气畸变情况和发动机运行状态关联起来，所以可以更好地研究进气畸变对发动机的影响及危害。

（2）发动机进气道溅水试验，相关验证方案，试验方法，水池及水深方案，试验点及构型方案，视频摄像方案，涂色方案以及航前航后检查方案等试验技术。具体创新点包括：水池及水深方案、试验点及飞机构型方案、视频摄像方案、试验部位涂色方案、航前航后检查方案以及试验过程控制及操作。

（3）发动机风扇冰积聚试验。相关试验安全性评估，试验方法，测试改装，风扇冰脱落的判据等试验技术。

（4）动力装置排气污染试验试飞，相关测试改装，测试仪器，试验程序，试验方法以及试验判据。主要技术创新点包括：驾驶舱和客舱一氧化碳测量点位置的选取，地面试验发动机操作程序的选取和飞行试验飞行状态的选取、一氧化碳浓度测量仪器的选取和标定方法。

2.10.5　进排气系统设计的关注点

在动力装置进气系统验证过程中，应特别关注以下两方面：

1）动力装置进气畸变试验

（1）进气畸变地面试验和侧风起飞着陆试验，要求持续而稳定的大侧风天气和侧风跑道，国内能满足这种条件的地方极少，有 90°侧风跑道的机场只有鼎新机场，每年有满足适航要求的侧风的时间非常有限，而且风速较大时会扬起沙尘，使能见度降低，往往导致飞行计划取消。而国外的飞机制造商会全球寻找这种极端天气，并且机场采用的是米字型跑道，可以适应更多的侧风方向，从而节约了适航取证时间。因此，今后在后续型号取证过程中，可以从考虑全球范围内选取适合的机场开展进气畸变地面试验和飞行试验。

（2）在开展侧风试验时，一般是等待时间较长，为了节省时间，在等待侧风的时间应充分安排其他无侧风要求的地面试验；并且测压耙等传感器仪器都比较精密，探头往往容易被扬起的沙粒打坏，导致试验后发现数据不全，需要试验前尽可能的多备测压耙。

（3）在侧风试验中，为了达到预期的风速，需要气象车提前进场预报，飞机在跑道端头等待指令，等到合适的大侧风时，飞机便开始滑跑起飞，便于抓住合适的风速。当着陆时，根据气象车提前预报，当合适的大侧风出现时，飞机便准备着陆，在着陆试验中，因为着陆过程时间较长，而风速的变化周期较短，往往着陆过程中风速又变小了，所以需要飞机复飞继续盘旋等待下一次着陆。

（4）由于测试设备的传感器多，数据量庞大，每次采集的数据都需要送回供应商总部进行处理，这样来回数据传送及处理会使整个试验的周期拖长。建议在以后的试验中试验数据现场可以实时监控，实时监控进气道的畸变指数、风扇振动和压力云图，以便现场可以直接找出发动机非正常工作是否由进气畸变所引起，便于迅速决策下一步试验的安排，抓住有利的天气。

2）动力装置进气道溅水试验

（1）溅水试验结果（溅水高度，侧向角度，溅水量以及溅水冲击强度）对水深非常敏感，而跑道倾斜度及试验时的风速对试验水深均有较大影响。

（2）试验应先开展充分的研发试验：摸索溅水严酷速度和严酷构型，以及确定和训练试验滑跑方法。

2.11　动力装置通风冷却系统设计

动力装置发动机短舱内包含有发动机本体和大量的发动机附件和短舱部件，在发动机运行时会产生很高温度，并且在短舱内还存在可燃液体泄漏源，就会导致着火的危险。因此根据 CCAR25 部中条款的定义，一般将发动机短舱内含有点火源和泄漏源的区域定义为指定火区，在指定火区需要设计通风冷却系统，对舱内高温区域及部件进行冷却，并吹洗发动机舱内的泄漏物。

动力装置通风冷却系统的主要原理如图 2-19 所示。如图 2-19 所示，根据冷却区域的不同，动力装置通风冷却系统可分为风扇舱通风冷却系统和核心舱通风冷却系统，根据冷却对象的不同又可分为短舱通风冷却和部件专用冷却。短舱通风冷却主要用于对发动机短舱内部的整体通风和冷却，部件专用冷却系统则根据发动机短舱内具体部件的特殊冷却要求，通过专用管路引入冷却气体单独对其高温部位进行冲击冷却。根据涡扇发动机的结构特点，风扇舱短舱通风冷却通常采用进气道外罩 12 点方向冲压进气和风扇罩底部开孔出气的通风布局，核心舱短舱通风冷却通常采用风扇整流支撑环若干小孔借助压差由外涵道引气和核心舱后部反推内罩与发动机排气管间的环形狭缝出气的通风布局。短舱通风冷却均为被动冷却。部件专用冷却则可以是主动冷却，也可以是被动冷却，主动冷却一般为借助风机、压力泵等设备由短舱外部向专用管供气，被动冷却则类似于核心舱短舱通风冷却，依靠专用管开口处的压差引入气流对部件进行冷却。

2.11.1　通风冷却系统设计的要求

1）功能定义

动力装置发动机短舱内通风冷却的主要功能包括以下两方面：

（1）提供发动机短舱内部冷却气流，以保证动力装置部件和发动机使用的液体工作在各自温度限制之内。

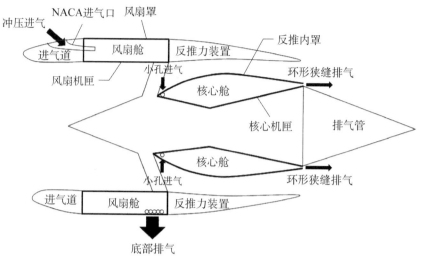

图 2‑19 动力装置通风冷却系统示意图

(2) 及时冲洗和排出发动机短舱内部可能产生的可燃蒸汽,防止其有害积聚,从而降低着火的危险。

2) 适航要求

动力装置通风冷却系统适用的其适用的 CCAR25 部条款及其内容如表 2‑9 所示。

表 2‑9 支线飞机动力装置通风冷却系统相关适航条款

序号	条款	标题	内 容
1	25.993(e)	燃油系统导管和接头	(e) 暴露在高温下可能受到不利影响的软管,不得用于在运行中或发动机停车后温度过高的部位。
2	25.1011(a)	滑油系统总则	(a) 每台发动机必须有独立的系统,在不超过安全连续运转温度值的情况下,能向发动机供给适量的滑油。
3	25.1041	冷却:总则	在地面、水面和空中运行条件下以及在发动机或辅助动力装置或两者正常停车后,动力装置和辅助动力装置的冷却设施,必须能使动力装置部件、发动机所用的液体以及辅助动力装置部件和所用的液体温度,均保持在对这些部件和液体所制定的温度限制以内。
4	25.1043(a) 25.1043(b) 25.1043(c)	冷却试验	(a) 总则 必须在地面、水面和空中的临界运行条件下进行试验,以表明满足第 25.1041 条的要求,对于这些试验,采用下列规定: (1) 如果在偏离最高外界大气温度的条件下进行试验,则必须按本条(c)和(d)修正所记录的动力装置温度; (2) 根据本条(a)(1)所确定的修正温度,不超过制定的限制。

序号	条款	标题	内　　容
			（b）最高外界大气温度　相应于海平面条件的最高外界大气温度必须至少规定为 37.8℃（100℉），在海平面以上，假设温度递减率为：高度每增加 1,000 米，温度下降 6.5℃（1,000 英尺，温度下降3.6℉），一直降到−56.5℃（−69.7℉）为止，在此高度以上认为温度是恒定的−56.5℃（−69.7℉）。然而对于冬季使用的装置，申请人可以选用低于 37.8℃（100℉）的相应于海平面条件的最高外界大气温度。
			（c）修正系数（气缸筒不适用）对于规定了温度限制的发动机所用的液体和动力装置部件（气缸筒除外）温度必须进行修正，修正方法为：此温度加上最高外界大气温度与外界空气温度（冷却试验中所记录的部件或液体最高温度首次出现时的外界空气温度）的差值，如果采用更合理的修正方法则除外。
5	25.1045(a) 25.1045(b) 25.1045(c)	冷却试验程序	（a）必须按相应于有关性能要求的起飞、爬升、航路和着陆飞行阶段来表明符合第 25.1041 条的规定。进行冷却试验时，飞机的形态和运行条件均必须取每一飞行阶段中对于冷却是临界的情况。对于冷却试验，当温度变化率小于每分钟 1.1℃（2℉）时，则认为温度已达到"稳定"。
			（c）在拟试验的每一飞行阶段前的进入状态下，温度必须达到稳定，除非动力装置部件和发动机所用的液体温度在进入状态下通常不能达到稳定（对此情况，在拟试验的起飞阶段前，必须通过整个进入状态下的运转，使得在进入时温度达到其自然水平）。在起飞的冷却试验之前，发动机必须在地面慢车状态下运转一段时间，使动力装置部件和发动机所用的液体温度达到稳定。
			（c）每一飞行阶段的冷却试验必须连续进行，直到下列任一种状态为止： （1）部件和发动机所用的液体温度达到稳定； （2）飞行阶段结束； （3）达到使用限制值。
6	25.1187(b) 25.1187(c) 25.1187(d) 25.1187(e)	火区的排液和通风	（b）每一指定的火区必须通风，以防可燃蒸气聚积。 （c）通风口不得设置在其它火区的可燃液体、蒸气或火焰会进入的部位。 （d）每一通风措施必须布置成使排出的蒸气不会增加着火危险。 （e）除短舱的发动机动力部分和燃烧加温器的通风管道外，必须有措施使机组能切断通向任何火区的强迫风源，如果灭火剂剂量和喷射率是以通过该火区的最大空气流量为依据的则除外。

（续表）

序号	条款	标题	内　　容
7	25.1309(a)	设备、系统及安装	(a) 凡航空器适航标准对其功能有要求的设备、系统及安装，其设计必须保证在各种可预期的运行条件下能完成预定功能。
8	25.1521(d)	动力装置限制	(d) 周围温度　必须制定周围温度限制(如装有防寒装置，包括对该装置的限制)，其值为按照第 25.1043 (b)条制定的最高周围大气温度。

3）设计要求

动力装置通风冷却系统的主要设计要求包括如下：

（1）每台发动机短舱通风冷却系统必须是独立的、互相隔开的。

（2）通风冷却系统设计应充分考虑到飞机在标准天和热天在地面开车和各种飞行条件下，发动机在各工作状态下可能出现的发动机机匣温度。

（3）通风冷却系统设计应能使通风冷却气流在短舱内流动通畅，无流动死区，保证将发动机舱中可能产生可燃性气体及时排出机外，降低舱内着火危险。

（4）通风冷却系统设计应尽量减少对单位耗油率的不利影响。

（5）对短舱提供冷却气流，保证舱内温度在附件和结构所允许的限制温度之内。

（6）短舱的通风冷却应自动提供所需的冷却气流。舱内所保持的温度应考虑了为维护附件需要冷却的时间，以及附件和结构的寿命和最小着火危险。

（7）在接近热表面处，有可能泄漏易燃流体的地方，应提供通风和排漏。

（8）应能驱散空气涡轮起动机排气的漏气。

（9）短舱上的排气/排液口的设置应保证不污染机身表面和机场、不引起着火危险排放物不因为反推打开而进入进气道。

2.11.2　通风冷却系统设计的输入

动力装置通风冷却系统设计的输入参数主要包括如下：

（1）不同飞行状态下飞行参数(如飞行高度、马赫数、大气数据)，至少包括极热天时地面慢车状态、地面起飞状态和最大巡航状态。

（2）短舱几何尺寸，包括风扇舱和核心舱几何尺寸。

（3）短舱内 EBU 部件表面热流密度，短舱内表面黑度。

（4）短舱内 EBU 部件表面温度限制。

（5）发动机机匣表面温度、表面热流密度、燃气泄漏量及泄漏温度。

（6）发动机附件表面热流密度，包括电气部件、引气管路和液体部件。

（7）发动机部件表面温度限制。

（8）发动机机匣表面黑度。

（9）发动机风扇出口气流压力、温度和流量。

2.11.3　通风冷却系统设计的验证

动力装置通风冷却系统符合性验证主要通过动力装置通风冷却系统设计适航符合性说明，动力装置通风冷却系统设计适航符合性计算分析，动力装置通风冷却系统设计适航符合性地面试验，动力装置通风冷却系统设计适航符合性飞行试验，以及动力装置通风冷却系统设计适航符合性机上检查试验来进行。相关符合性验证活动概述如下：

1）动力装置通风冷却系统设计适航符合性说明

（1）说明动力装置冷却系统地面和飞行试验中，将对发动机短舱内软管附近的温度进行采集，以表明使用环境未超出软管的温度限制。

（2）通过短舱内通风冷却系统的描述说明通风和冷却功能是可以实现的，并且给出了发动机部件和液体的温度限制要求。

（3）描述动力装置冷却系统地面试验和飞行试验的试验程序和试验条件，说明试验程序和试验条件的建立对于冷却试验是临界的。

（4）在说明动力装置冷却系统地面试验和飞行试验中，采用了条款规定的温度修正公式，并具体对温度修正公式进行描述。

（5）对短舱内通风冷却系统进气通风口和排气通风口位置进行描述，表明其布置满足条款要求。

（6）对短舱内灭火系统及灭火剂量的设计依据进行描述，表明动力装置通风不必具有切断措施。

2）动力装置通风冷却系统设计适航符合性计算分析

（1）采用条款规定的温度修正方法对动力装置冷却系统地面试验和飞行试验采集的温度参数进行修正和分析，表明地面和空中运行条件下发动机部件和液体温度在规定的温度限制内。

（2）分析说明动力装置冷却系统的试验程序和试验条件的建立对于冷却试验是临界的。

（3）根据定义的短舱冷却试验的最高外界大气温度，并按照条款要求对试验机场海拔对应的最高外界大气温度进行计算。

（4）分析说明对于短舱内部件温度采用了条款 25.1043(c) 定义的修正方法对试验中采集的温度参数进行修正；而对于发动机液体温度，采用了更合理的方法进行修正并符合条款要求。

（5）采用动力装置短舱通风计算模型得到飞行包线范围内各个状态下舱内的计算通风率，并采用动力装置通风系统地面和飞行试验数据对通风计算模型进行修正，以此来验证舱内通风率是否满足条款要求。

（6）采用经试验试飞修正后的短舱通风计算模型，计算得到舱内的最大通风流量,证明该值小于与短舱灭火剂量设计时采用的最大通风流量设计值,进而表明短舱通风系统不必具备切断措施。

3)动力装置通风冷却系统设计适航符合性地面试验

(1)按照符合条款规定的试验方法和程序,并选取相对严酷的试验条件开展动力装置冷却系统地面试验,并采用条款规定的温度修正公式对短舱内部件温度参数进行修正,采用满足条款规定的更加合理的温度修正公式对发动机液体温度进行修正,表明所有部件和液体均在温度限制之内。

(2)在典型的地面状态点,开展动力装置短舱通风系统地面试验,将采用得到的温度和压力数据用于对通风计算模型进行修正,用于短舱通风系统计算分析。

4)动力装置通风冷却系统设计适航符合性飞行试验

(1)按照符合条款规定的试验方法和程序,并选取相对严酷的试验条件开展动力装置冷却系统飞行试验,并采用条款规定的温度修正公式对短舱内部件温度参数进行修正,采用满足条款规定的更加合理的温度修正公式对发动机液体温度进行修正,表明所有部件和液体均在温度限制之内。

(2)在典型的飞行状态点,开展动力装置短舱通风系统飞行试验,将采用得到的温度和压力数据用于对通风计算模型进行修正,用于短舱通风系统计算分析。

5)动力装置通风冷却系统设计适航符合性机上检查试验

开展动力装置通风系统机身检查试验,检查短舱进气和排气通风口的附近区域是否有任何可燃液体、蒸气和火焰会进入通风口,由排气通风口的排出的可燃蒸气是否存在点燃的危险。

2.11.4　通风冷却系统设计的关键技术

在动力装置通风冷却系统研制过程中,形成的关键技术包括以下三方面:

(1)民用飞机动力装置冷却试验验证方法,包括确定试验要求,完善试验程序以及完成相应的测试改装等。动力装置冷却试验要求在每个飞行阶段的临界运行条件下进行,因此要针对飞机条件制定相应的试飞程序,包括飞行速度,发动机功率和引气构型等要求。同时,还要进行相应的测试改装,如传感器的安装、加装电负载等。

(2)结合实际试验试飞情况,研究和采用了一种快速判定温度稳定的方法,有效低提高了试验效率。

(3)根据条款要求,针对动力装置冷却系统试验试飞,研究和采用了一种更加合理液体温度修正方法。

2.12　动力装置排液系统设计

航空发动机短舱内通常装有燃油、滑油和液体压等可燃液体部件和管路,在发动机运行过程中会产生正常的渗漏或因密封失效导致大量泄漏,如果不及时将这些可燃液体排尽,就有可能接触发动机高温机匣表面或其他点火源而导致着火的危险,必须考虑短舱排液系统设计。

2.12.1　排液系统设计的要求

1) 功能定义

动力装置排液系统主要功能是将发动机短舱内可能泄漏产生的可燃液体及时排至舱外,减少和避免可燃液体的危险量积聚,从而将短舱内发生着火的风险及着火后的危险降至最低。

动力装置排液系统通常分为发动机排液系统和短舱排液系统,发动机排液系统主要用于收集发动机及其附件在工作和维护中产生的废液和漏油,并通过发动机底部的排液嘴将其排出,短舱排液系统主要用于收集当发生可燃液体管路接头密封失效时产生的大量漏液,并通过短舱底部的排液口将其排出。由于发动机部件排液系统设计主要由发动机供应商负责完成,本文只对短舱排液系统设计进行介绍。

2) 适航要求

动力装置排液系统适用的其适用的 CCAR25 部条款及其内容如表 2-10 所示。

表 2-10　支线飞机动力装置排液系统相关适航条款

序号	条款	标题	内　　容
1	25.1091 (d) (1)	进气	(d) 涡轮发动机飞机和装有辅助动力装置的飞机,应满足下列要求: (1) 必须有措施防止由可燃液体系统的放液嘴、通气口或其它部件漏出或溢出的危险量燃油进入发动机或辅助动力装置进气系统;
2	25.1187(a)	火区的排液和通风	指定火区的每个部位必须能完全排放积存的油液,使容有可燃液体的任何组件失效或故障而引起的危险减至最小。排放措施应满足下列要求: (1) 当需要排放时,在预期液体会存在的各种情况下,必须是有效的; (2) 必须布置成使放出的液体不会增加着火危险。
3	25.1187(c)	火区的排液和通风	(c) 通风口不得设置在其它火区的可燃液体、蒸气或火焰会进入的部位。

3) 设计要求

动力装置排液系统的主要设计要求包括如下:

(1) 动力装置排液系统排出的可燃液体不能进入到飞机其他存在点火源或可燃液体泄漏的区域。

(2) 动力装置排液口应布置在当飞机处于地面时能将舱内可燃液体尽可能排尽的位置。

（3）动力装置排液口的布置应不致因闪电而危及飞机安全，也不会因排液口附近的电晕放电和流光而点燃泄漏的可燃液体。

（4）动力装置排液杆应伸至短舱外部气流附面层以外，尽量避免由短舱排出的液体污染短舱外表面，也应保证在发动机正常运行状态下，不会因喷射至短舱外表面和机身表面而引起着火危险。

（5）动力装置排液杆应避免布置在当发生短跑道起飞或侧滑着陆时可能存在触地危险的位置。

（6）动力装置内部所有流体的排泄，包括附件传动装置的密封排液和溢流排液均需收集，但发动机通气孔除外。

（7）动力装置排液系统应保证所有短舱部件排液顺畅而不会出现堵塞或积存量超标现象；须通过试验表明短舱排液系统可在发动机地面关车状态下 10 min 内排出短舱内 90％以上的积液，同时舱内单个区域的积液量不超过 1.5 oz[①]（40 ml），且所积液体不会引起点燃的危险。

（8）动力装置排液系统应能将漏液直接排出发动机短舱，以便在对故障发动机进行目测检查时直接可见，并且应能鉴别泄漏液体种类和来源。

（9）动力装置排液系统排液路径和排液口的布置应避免引起所排液体进入有可能出现点火源的其他发动机舱或部件的危险，各舱内的可燃液体应直接排出机外而不进入其他隔离舱，非火区舱内的可燃液体排放不会进入火区舱。

（10）排液口及排液杆设计应避免产生水或冰的积聚。

（11）排液杆设计时应避免在起飞和着陆状态时接触跑道。

2.12.2　排液系统设计的输入

动力装置排液系统设计的输入参数包括来自飞机总体布置、吊挂结构、短舱结构，以及发动机本体，主要输入参数如下所列：

（1）动力装置在飞机上的安装布局。

（2）各飞行状态下短舱底部附面层的厚度。

（3）由吊挂进入短舱的排水管（若有）正常泄漏量。

（4）吊挂发生密封失效时可能产生的最大漏液量。

（5）吊挂区域排液风扇罩和反推内罩结构形式。

（6）短舱罩内表面几何型面。

（7）短舱可燃液体部件的正常泄漏量，包括燃油供油管、液体管、反推力装置液压作动部件及管路。

（8）短舱可燃液体部件发生密封失效时可能产生的最大漏液量，如密封圈发生

---

① oz 为非法定质量单位盎司，1 oz＝28.349 523 g。——编注

失效或在部件维护后漏装。

（9）由发动机本体及机匣可燃液体附件排入短舱的正常泄漏量或泄漏率，包括发动机滑油箱、本体收油池、AGB 安装部件、各燃油伺服作动筒等。

（10）发动机本体及机匣可燃液体附件发生密封失效时可能产生的最大漏液量或泄漏率，如密封圈发生失效或在部件维护后漏装。

（11）风扇舱和核心舱内发动机排液管数量和位置。

2.12.3　排液系统设计的验证

动力装置排液系统符合性验证主要通过动力装置排液系统设计适航符合性说明，动力装置排液系统设计适航符合性计算分析，动力装置排液系统设计适航符合性地面试验，动力装置排液系统设计适航符合性飞行试验，以及动力装置排液系统设计适航符合性机上检查试验来进行。相关符合性验证活动概述如下：

1）动力装置排液系统设计适航符合性说明

从风扇舱和核心舱排液系统在发动机各功率状态下的排液设计能力来说明在发生舱内可燃液体泄漏时动力装置短舱排液系统的有效性，同时从风扇舱和核心舱排液系统的方案、布局和机身安装位置方面说明从舱内排出的可燃液体不会增加着火危险。此外，通过短舱通风进口（包括风扇舱通风进口和核心舱通风进口）、FADEC 通风进口与短舱排液孔/排液嘴在飞机上的相对位置表明由短舱排出的可燃液体不会有进入上述通风进口的危险。

2）动力装置排液系统设计适航符合性计算分析

对短舱内可燃液体管路进行失效计算分析，具体在假定的最大可燃液体泄漏率以及可能的排液嘴堵塞率下，并结合风扇罩和反推内罩构造得到风扇舱和核心舱最大可能的积液高度以及发动机关车后排尽舱内积液所需的时间，表明动力装置短舱排液系统满足在发动机关车后 10 min 内将舱内的可燃液体排尽且单个积水部位的积液量不超过 1.5 oz(40 ml) 的建议。

3）动力装置排液系统设计适航符合性地面试验

短舱排液地面试验分为发动机关车状态下的短舱排液能力试验和发动机开车状态下的短舱排液功能试验。

（1）短舱排液能力试验主要通过着色水喷射系统在短舱各模拟泄漏点注入设定流量的清水，同时对排水进行收集，等待 10 min 以后，对收集到的清水进行测量并对短舱内的单个部位积水量进行测量。

（2）短舱排液功能试验则是在慢车状态下，向短舱内每个泄漏点注入相同流量的染色水，同时进行摄像和拍照。试验后检查发动机舱排液口及周围排液情况，并打开短舱检查发动机舱内排液和液体积存情况。

4）动力装置排液系统设计适航符合性飞行试验

开展包括地面滑行、起飞、平飞、左右侧滑、紧急下降、慢车下滑、进场和着陆(在内的各飞行阶段下的短舱排液试飞。同时,试验前在染色水可能冲击到或可能重新进入的机体区域表面涂上染色敏感材料并进行了摄像和拍照。每个架次试飞结束后,检查了发动机舱排液口及周围排液情况,并打开短舱检查发动机舱内排液和液体积存情况。

5) 动力装置排液系统设计适航符合性机上检查试验

通过对短舱通风进口和短舱排液孔/排液嘴位置进行目视检查,检查后判断由短舱排液孔/排液嘴排出的可燃液体不会有进入上述通风口的危险,表明动力装置短舱排液系统设计满足通风口不得设置在其他火区的可燃液体、蒸气或火焰会进入部位的适航要求。

2.12.4 排液系统设计的关键技术

在动力装置排液系统设计和验证过程中,主要关键技术包括:

(1) 将动力装置排液试验分解为排液能力试验和排液功能试验两部分开展实施,动力装置排液能力主要通过机上地面试验进行考察,动力装置排液功能主要通过机上飞行试验进行考察,有效支持了对相应条款的适航验证。

(2) 着色水喷射系统研制,有效确保了动力装置排液试验的漏液速率及漏液时间达到适航规定标准。

(3) 用于短舱排液试验的染色液研制,对排液轨迹进行了清晰完整的显示。

(4) 根据动力装置短舱内可燃液体管路分布特点,专门在风扇舱和核心舱选定了若干泄漏点用于布置短舱排液试验排液点,有效模拟了动力装置的大规模泄漏。

2.12.5 排液系统设计的关注点

在动力装置排液系统验证过程中,应特别关注以下几方面:

1) 短舱排液地面试验开车状态下发动机功率选取

短舱地面排液试验一般先进行地面关车试验,然后根据需要进行地面开车试验,试验状态只做到慢车状态,如选用较大功率,可能会导致排至地面的积液被卷吸入发动机进气道。

2) 染色水颜色选取

在短舱排液地面试验过程中,选取的染色水应与机体涂装颜色明显区别,便于排液路径的显色效果。

2.13 动力装置反推力系统设计

反推力装置反推装置作为发动机短舱结构的一部分,为液压驱动格栅式反推力装置,仅用于地面使用。当飞机起飞或空中飞行时,反推力装置关闭,发动机产生正向推力;当飞机着陆时,反推力装置打开,反推力罩往后移动,堵住发动机风扇气流喷口,引导发动机风扇气流通过反推力格栅向前排出,产生反向推力,给飞机减速,缩短滑跑距离,反推力装置如图2-20。反推力装置也用于中断起飞和应急着陆状态下为飞机减速。

2.13.1　反推力系统设计的要求

1) 功能定义

反推力装置主要功能是在飞机着陆和中断起飞时展开反推力装置,通过反推力装置内部的反向格栅使外涵风扇气流反转后向外喷出如图2-20所示,从而产生反向推力,辅助飞机减速,缩短滑跑距离。当飞机起飞或空中飞行时,反推力装置则保持关闭状态,反推罩处于收起位置,反推力装置形成发动机风扇气流的喷口,使发动机产生正向推力。

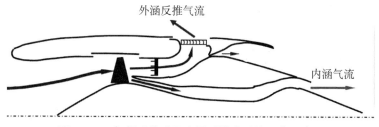

图2-20　气起动模式示意图反推力系统工作示意图

2) 适航要求

动力装置反推力系统适用的其适用的CCAR25部条款及其内容如表2-11所示。

表2-11　支线飞机动力装置反推力系统相关适航条款

序号	条款	标题	内　　容
1	25.933(a)(1) 25.933(a)(3)	反推力系统	(a) 涡轮喷气发动机反推力装置 　(1) 仅预定在地面使用的发动机反推力装置必须设计成,在飞行中处于任何反推力位置时,发动机不会产生大于飞行慢车状态的推力。此外,必须通过分析或试验,或两者兼用来表明满足下列要求: 　　(i) 反推力装置能收回到推力位置; 　　(ii) 反推力装置处于任何可能的位置时,飞机能继续安全飞行和着陆 (a) 涡轮喷气发动机反推力装置 　(3) 涡轮喷气发动机反推力装置,必须有措施防止在反推力装置有故障时发动机产生大于慢车状态的推力。但是,在运行中预期的最临界反推力情况下,只要表明仅采取气动力措施能保证飞机的航向操纵,则发动机可以产生更大的正推力

（续表）

序号	条款	标题	内　容
2	25.934	涡轮喷气发动机反推力装置系统试验	装在涡轮喷气发动机上的反推力装置必须满足中国民用航空规章第33.97条中的有关要求。
3	25.1305(d)(2)	动力装置仪表	（2）每台装有反推力装置的发动机一个位置指示器，当反推力装置处于反推力位置时向飞行机组发出指示。
4	25.1309(a) 25.1309(b) 25.1309(c)	设备、系统及安装	（a）凡航空器适航标准对其功能有要求的设备、系统及安装，其设计必须保证在各种可预期的运行条件下能完成预定功能。 （b）飞机系统与有关部件的设计，在单独考虑以及与其它系统一同考虑的情况下，必须符合下列规定： （1）发生任何妨碍飞机继续安全飞行与着陆的失效情况的概率极小； （2）发生任何降低飞机能力或机组处理不利运行条件能力的其它失效情况的概率很小。 （c）必须提供警告信息，向机组指出系统的不安全工作情况并能使机组采取适当的纠正动作。系统、控制器件和有关的监控与警告装置的设计必须尽量减少可能增加危险的机组失误。
8	25.1435(a)(2) 25.1435(b)(4) 25.1435(b)(5)	液压系统	（a）元件设计。液压系统的每个元件，必须设计成： （2）能承受设计使用压力和作用于其上的结构限制载荷而不产生妨碍其预定功能的变形。 （b）系统设计。每一个液压系统必须： （4）如果使用了可燃性的液压流体，需要达到第25.863条、第25.1183条、第25.1185条和第25.1189条的应用要求； （b）系统设计。每一个液压系统必须： （5）设计中使用飞机制造商指定的液压流体，该流体必须具有满足第25.1541条要求的合适的标牌加以识别。

3）设计要求

动力装置反推力系统主要设计要求包括如下：

（1）反推力装置应仅用于在地面使用，应有可靠措施防止反推力装置在飞行中打开。

（2）反推力装置的排气不应直接冲击到机身表面，在正常工作状态，进气道吸入排气的可能应减到最小。

（3）最大反推力的确定除满足正常的飞机着陆路滑跑距离要求外，应考虑反推力装置在湿跑道或结冰跑道上的使用。

（4）应有措施保证在地面单发反推打开时，不平衡推力减少至最小。

（5）驾驶舱应有足够可靠的状态信息指示反推力装置的工作状态。

（6）应设置反推力装置锁紧手柄，以防止维护动力装置系统时意外打开反推力装置，该手柄的位置易于维护人员操作并有明显标识。

（7）反推力装置的维护应在不拆卸发动机的情况下就可完成。

2.13.2　反推力系统设计的输入

动力装置反推力系统设计的输入除前述设计要求外，还来源于飞机和发动机两方面，主要输入参数如下所列：

（1）飞机正常最大接地速度下反推罩上的气动载荷。

（2）飞机中断起飞/发动机起飞推力下反推罩上的气动载荷。

（3）飞机运行温度包线和侧风包线。

（4）飞机减速率和对反推力装置应急收起能力要求。

（5）飞机对反推力装置展开和收起时间限制。

（6）飞机对反推力系统状态指示与告警要求。

（7）发动机地面功率的设定。

2.13.3　反推力系统设计的验证

动力装置反推力系统符合性验证主要通过动力装置反推力系统设计适航符合性说明，动力装置反推力系统设计适航符合性安全性分析，动力装置反推力系统设计适航符合性安全性分析，动力装置反推力系统设计适航符合性地面试验，动力装置反推力系统设计适航符合性飞行试验，以及动力装置反推力系统设计适航符合性设备合格鉴定试验来进行。相关符合性验证活动概述如下：

1）动力装置反推力系统设计适航符合性说明

（1）通过反推力装置系统架构和多道防线设计特征，说明反推力装置设计能保证了反推空中发生非指令展开发生的概率为极不可能。

（2）反推力装置有多道防线来阻止反推力装置空中非指令展开，各道防线的补偿设计特征和系统架构独立性保证反推力装置空中非指令展开的发生概率为极不可能。

（3）各道防线中的机械锁互相独立，每一把锁都能承受反推展开的最大载荷，其中任何一把就可以将反推力装置锁定，防止反推力装置在无指令状态下展开；各道防线中的电子-液压控制系统架构独立性防止了单个部件失效或故障而发出虚假指令导致反推意外打开；各道防线高可靠性设计保证了反推空中发生非指令展开发生的概率为极不可能。

2）动力装置反推力系统设计适航符合性安全性分析

（1）通过严格的定性分析，以表明没有单一故障或失效可导致飞行中灾难性的反推力打开。

（2）通过平均风险分析，预测灾难性的飞行中反推力打开在机队寿命内将不会发生。

（3）通过特定风险分析，预测每次飞行的最初阶段飞机能够持续满足"没有单一故障"的标准，并且灾难性的飞行中反推力打开的风险程度足够低。

（4）通过分析证明，那些会使这些预测变得无效的影响已经确定，并且已在飞机整个机队寿命中确定和实施了管理这些影响的可接受的方法。

（5）通过反推力装置故障树分析，证明空中非指令打开发生概率极低，并且不存在单一故障或失效可导致飞行中灾难性的反推力打开。

（6）通过发动机转子爆破特定风险分析，证明反推力装置在发动机转子爆破特定风险中不会非指令打开。

3）动力装置反推力系统设计适航符合性地面试验

通过地面试验，表明在发生一侧反推力装置故障情况下，即当飞行员同时将双发油门杆拉至最大反推位置时，一发反推力装置展开，一发反推因故障未展开，两侧台发动机功率在 FADEC 控制下均不会上升，均保持在慢车功率，不会产生大于慢车的推力，满足相应适航条款要求。

4）动力装置反推力系统设计适航符合性飞行试验

通过飞行试验，检查反推力装置控制系统、油门联锁和指示系统的功能和反推力系统及其指示系统的功能。具体在反推力装置正常工作期间或一台发动机的反推力装置不工作期间，对飞机的每一种使用形态进行试验以验证没有不利的飞机操纵特性。

5）动力装置反推力系统设计适航符合性设备合格鉴定试验

通过设备合格鉴定，验证反推力装置符合环境条件使用要求，其液压部件满足相应条款的要求。

2.13.4　反推力系统设计的关键技术

在动力装置反推力系统设计和验证过程中，主要有如下关键技术：

（1）多道锁防线的高安全性设计。

（2）临界不对称反推力防护设计。

（3）反推开锁指令锁定技术。

（4）临界不对称反推力验证。

（5）反推力系统与兼容型验证。

2.13.5　反推力系统设计的关注点

在动力装置反推系统验证过程中，应将重点放在反推逻辑设计上，具体包括以下 3 个方面：

1）反推展开逻辑的设计

反推力系统展开逻辑设计对反推力系统安全使用尤为重要，反推展开逻辑设计既要保证反推力系统在正确指令时按作动时序快速展开，又要保证不会因为单个错误信号而导致意外展开，同时还需考虑反推维护时展开的便捷性。

2）应对轮载跳动逻辑的设计

飞机着陆过程中，经常会出现主轮载或前轮载跳动，轮载跳动对反推力装置的使用有影响，反推逻辑设计时必须考虑。

3）最大不对称反推力保护逻辑的设计

为了防止因反推力系统故障引起一台发动机反推力装置未打开而产生正推力，而另一台发动机产生最大反推力这种不对称推力状态，反推力系统逻辑设计时应考虑最大不对称反推力保护措施。

参考文献

［1］中国民用航空总局. CCAR25 运输类飞机适航标准［S］. 第 3 版，中国民用航空总局，2001.

［2］中国民用航空总局. CCAR33 涡轮发动机飞机燃油排泄和排气排出物规定［S］. 第 1 版，中国民用航空总局，2002.

［3］中国民用航空总局. CCAR34 航空发动机适航标准［S］. 中国民用航空总局. 2001.

［4］PART 34—Fuel Venting and Exhaust Emission Requirements for Turbine Engine Powered Airplanes，Federal Aviation Administration，Department of Transportation Subchapter C-aircraft［P］. 2003.

［5］《飞机设计手册》总编委会. 飞机设计手册第 13 分册动力装置系统设计［M］. 北京：航空工业出版社，2002.

3 辅助动力装置

3.1 辅助动力装置系统概述

当今世界主要飞机制造商对于辅助动力装置系统集成,多采用主制造商—供应商模式,供应商提供辅助动力装置本体,飞机主制造商负责辅助动力装置系统集成。这对飞机主制造商的技术能力、项目管理和适航验证能力提出了极高的要求。辅助动力装置系统集成设计和适航验证主要包括辅助动力装置系统集成设计(进排气系统设计、安装系统设计、通风冷却系统设计、排液设计、辅助动力装置本体性能计算和分析、控制/电气设计、噪声分析和评估、防火设计、系统安全性设计和评估、可靠性和维修性设计及系统故障隔离设计)、辅助动力装置系统试验和试飞及辅助动力装置系统适航验证。

3.1.1 系统概述

3.1.1.1 系统组成

支线飞机辅助动力装置系统(APU 系统)布置在飞机尾锥区域,由进气子系统、本体发动机、排气子系统、安装子系统、控制/电气子系统、通风冷却和排液子系统组成。APU 系统组成如图 3-1 所示。APU 系统在飞机上的安装布局如图 3-2 所示。

进气子系统由进气风门、风门作动机构、进气消音器和进气管组成,位于飞机后机身垂尾的右侧 1 点钟的位置。进气子系统主要作用是将外界气流导入 APU 压气机。

本体发动机是燃气涡轮 APU,其特征包括单级离心式压气机、两级轴流式涡轮、无刷起动发电机、无离合器起动机、FADEC 控制、电动燃油驱动泵及无冷却风扇,对 FADEC 软件进行了改进,增加了进气风门控制及对引气阀可连续调节的控制;更改了后安装节点;对进气室进行了适应性更改等。

排气子系统由引射器和排气消音器组成,位于飞机尾部。排气子系统利用排气

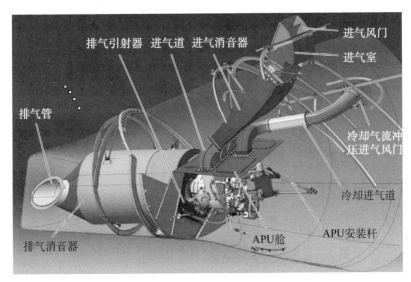

图 3 - 1　APU 系统组成

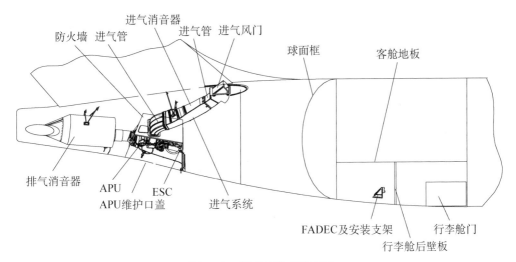

图 3 - 2　APU 系统安装布局

引射器产生的引射能量,将外界冷却空气从冷却通风管引入 APU 舱,再经过引射管和本体发动机排出的高温废气混合后,排出机外。

安装子系统由 APU 本体安装、进排气安装和通风冷却安装组成。APU 本体的安装通过七根拉杆侧向安装在机身尾段的左侧框上,拉杆是按照损伤容限的原则进行设计,并满足破损安全的设计要求,以防任何一根拉杆断裂时影响飞机的安全。安装拉杆材料为不锈钢,与结构硬连接,与 APU 通过三个减振器柔性连接。减振器减少飞机与 APU 之间的振动传递。对于闪电防护,APU 本体提供两个搭铁线与飞机尾锥结构连接。

APU 采用全权限数字电子控制(full authority digital electronic controller, FADEC)。FAEDC 是一个基于微处理器的计算机,他的主要功能就是控制、监控和保护 APU。FADEC 监控包括速度和排气温度在内的 APU 各种参数,通过风门控制器控制 APU 进气风门,通过电起动控制器(ESC)控制 APU 的起动电机和燃油模块,控制 APU 点火和 APU 引气阀。FADEC 与飞机座舱的 APU 起动控制面板、环控系统引气控制面板、发动机指示与机组告警系统(EICAS)、航电系统、机上中央维护系统及地面维护设备交联,将 APU 的主要参数及告警信号显示在 EICAS,将 APU 的故障及维护信号传递给机载维护系统(OMS)。

APU 通风冷却系统主要包括冷却进气口、冷却管道、滑油散热器、排气引射器等。通风冷却系统保证为 APU 提供满足要求的气流。通风冷却系统应保证 APU 和 APU 舱的温度在 APU 型号技术要求和安装手册规定的范围内,使 APU 及其附件能正常工作。

排液系统包括两个部分:APU 本体排液和 APU 舱排液。APU 本体排液通过连接在 APU 涡轮机匣下面及 APU 进气机匣下面的漏油管,将 APU 内的余油排出机外。APU 舱排液采用引射排液,通过从 APU 引气阀上游提取高压空气作为引射源,从而克服舱内负压,将 APU 舱内的积油排出舱外。

3.1.1.2 系统功能

APU 系统的主要功能如下:

(1) 在地面和空中为空调系统提供引气。

(2) 在地面和空中作为起动主发的气源。

(3) 在地面代替电源车为飞机供电,在整个飞行包线为飞机提供应急电源。

(4) 在空中当一台发动机故障时,可以在 APU 的起动包线内起动 APU。

3.1.2 APU 系统的符合性验证活动

支线飞机 APU 系统适航审定以 CCAR25 部及 APU 系统等效安全替代(P005 - FAR25 部附录 APU(原称附录 K)草案)为审定基础,在此基础上,通过与适航当局动力装置审查组、结构强度审查组以及供应商多次的讨论协调,最终确定了 APU 系统的符合性验证方法表,并得到了适航当局的批准,方法表规定了各系统为满足相关条款内容所采用的验证方法,以此表为顶层设计,完成了符合性验证大纲、专项验证计划和符合性检查单等便于操作的项目的编制。

APU 系统符合性验证主要通过以下途径实现:

(1) 工程设计。

工程设计是保证系统符合性的首要环节。从民用飞机安全性设计要求出发,APU 系统设计以系统设计技术规范、相关适航条款及其符合性方法以及指定性材料为设计要求(MOC1),在工程设计阶段对系统方案采用了计算和类比(MOC2)及安全性分析(MOC3)等设计方法,同时也采用了民机设计中成熟、先进的设计技术,借鉴了现役民机的成熟经验,来保证系统的设计符合条款要求以及设计指标要求。

(2)试验验证。

试验验证是保证系统对条款符合性的重要方法,也是验证系统功能和性能指标是否满足系统设计要求的重要手段。APU系统共分为工程验证试验、实验室试验(MOC4)、机上地面试验(MOC5)、飞行试验(MOC6)以及成品的鉴定试验(MOC9),除此之外,APU本体还依照 TSO - C77b 进行。通过这些试验验证 APU 系统工作的可靠性和安全性。对于系统级和飞机级试验项目的有关试验件及试验测试设备等必须经适航当局批准和认可,重要试验项目必须邀请适航当局现场目击。

(3)符合性检查。

为了确保装机设备和系统满足适航条款的要求,还将完成必要的符合性检查。

所有的适航符合性说明报告、分析和计算报告、安全性评估报告及各种试验报告都经过适航当局批准。

3.2　辅助动力装置本体设计

3.2.1　需求来源

辅助动力装置为环控系统和主发起动系统提供气源,为电源系统提供机械功率。

3.2.2　设计特点

APU 本体分为Ⅰ类和Ⅱ类,Ⅰ类 APU 为飞机持续安全飞行所必需的,Ⅱ类 APU 为非必需的。

APU 核心机,为单级离心式压气机、回流燃烧室和两级轴流式涡轮构型;主要外围附件系统包括无刷起动发电机(BSG)及起动机控制器(ESC)、电驱动燃油系统和引射式滑油冷却系统。

3.2.3　系统描述

3.2.3.1　系统工作原理

APU 起动初始时,ESC 从 28 V DC 飞机蓄电池获取电流供给无刷式起动发电机(BSG),BSG 提供初始的转动力矩驱动发动机。在 APU 达到一定转速时,BSG 从起动模式转化为发电模式,APU 继续自动加速到100%的转速,并开始为 ESC 提供电能驱动燃油模块组件。转动的压气机叶轮把空气吸入发动机。压气机叶轮把空气传送到扩散器,在扩散器中空气速度下降,压力增大。同时扩散器传送空气到燃烧室,在燃烧室中空气和燃油混合。

燃油注入燃烧室并由点火系统点燃,燃烧过程开始。燃气在燃烧室中膨胀,再通过第一级涡轮静子加速,冲击第一级涡轮叶片。然后空气通过第二级涡轮,再通过排气管排出。涡轮从高温高压燃气获得能量,驱动压气机转子、齿轮箱组件和附件齿轮箱,向外提供机械功率。

由压气机供来的空气并非全部用来燃烧,在扩散器后进行分流,一部分进入燃烧室,另一部分经引气阀为飞机 MES 和 ECS 提供引气。

APU 的工作过程由 FADEC 控制。

3.2.3.2　APU 动力段和附件齿轮箱

APU 核心机是一台恒速的燃气涡轮发动机,主要包括单轴离心式压气机组件、一个回流型燃烧室和一个两级轴流式涡轮。如图 3 - 3 所示。

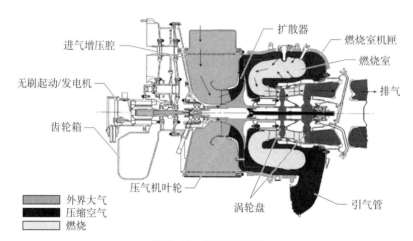

图 3 - 3　APU 剖面图

APU 发动机通过减速器驱动的交流发电机。

1) 转子组件

转子组件由压气机组件、两级涡轮及中轴组成。组件间通过端面齿、拉紧螺栓及螺母连接。如图 3 - 4 所示。

两个轴承为转子组件提供支撑。前轴承是一个球轴承,位于进气机匣铸件里面,后轴承是一个滚针轴承,位于涡轮部分。润滑系统为轴承提供滑油。碳密封和篦齿密封为轴承区域滑油提供密封。

碳密封为主密封,篦齿密封为次密封。次密封是利用压气机叶轮处的空气提供无接触密封。

2) 燃烧室组件

燃烧室组件由燃烧室机匣和燃烧室两部分组成。

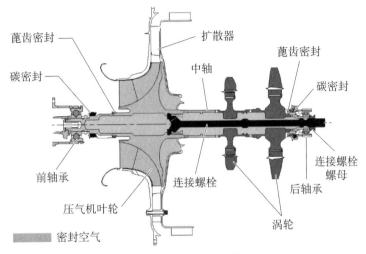

图 3 - 4　转 子 组 件

（1）燃烧室机匣。

燃烧室机匣在燃烧室外围形成一个空气腔。机匣上装有燃油喷嘴、燃油管、点火电嘴、热电偶和引气管。左侧引气管引出的空气经过 APU 引气阀后供给空调系统，后面的引气管为防喘阀提供引气，如图 3-5 和图 3-6 所示。

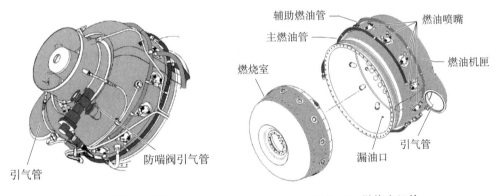

图 3 - 5　燃烧室机匣　　　　　　　　图 3 - 6　燃烧室组件

燃烧室漏油口将燃烧室内的残留余油排出 APU 外。

（2）燃烧室。

燃烧室是一个整体反向流环行设计，燃油和空气在燃烧室内混合和燃烧。

3）齿轮箱组件

齿轮箱是一个单独的铸件，与进气机匣用螺栓连接，并由发动机转子组件驱动。齿轮箱上的驱动盘用于安装 APU 起动机和交流发电机。齿轮箱低部区域作为润滑系统的滑油箱，维护人员可以拆去齿轮箱前面的堵盖并插入手动工具转动齿轮系统和发动机组件,如图 3 - 7 所示。

齿轮箱外部的安装盘用于安装滑油过滤器、双滑油压力传感器、滑油温度传感器和速度传感器。

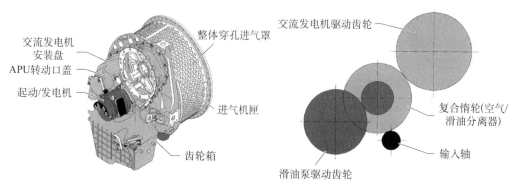

图 3 - 7　齿轮箱组件　　　　　　　　图 3 - 8　齿轮系统

4) 齿轮系统

输入驱动轴驱动齿轮系统,轴通过键与转子组件相连。 APU 起动过程中输入轴是由 BSG 驱动,当 APU 转速达到100%时,转子组件驱动的齿轮系统的转速如图 3 - 8 所示。

3.2.3.3　APU 滑油系统

APU 滑油系统属于湿机匣滑油系统,提供增压的、过滤的滑油,用以润滑和冷却下列部件:

(1) 发电机。

(2) 齿轮箱组件。

(3) 转子轴承。

APU FADEC 监控滑油系统,以保证正确的滑油温度和压力。滑油系统包括下列组件:

(1) 整体滑油箱。

(2) 一个滑油泵。

(3) 滑油散热器。

(4) 滑油过滤器。

(5) 旁路阀。

(6) 卸压阀。

(7) 双滑油压力传感器。

(8) 滑油温度传感器。

(9) 磁性放油接头。

滑油系统示意如图 3 - 9 所示。

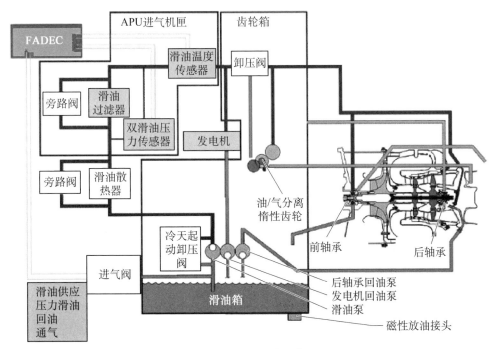

图 3 - 9　滑油系统示意图

1）滑油箱

滑油箱包括一个重力滑油加油口、加油口盖及一个位于前侧的可视玻璃窗，如图 3 - 10 所示。

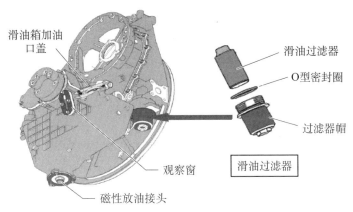

图 3 - 10　滑　油　箱

2）滑油泵

除了 APU 起动和停车过程外，滑油泵为润滑系统提供恒定流量的滑油。在起动过程中为了提高发动机的加速性，FADEC 会使进气阀通电打开，从而允许齿轮箱中的空气通过进入滑油泵。空气阻止滑油进入滑油泵直到转速达到 50% 的转速。当发动机的速度达到 50% 时,放气阀关闭以阻止空气进入滑油泵,此时,滑油泵开始供给滑油。

3) 滑油散热器

排气系统产生的引射作用使外界大气流过滑油散热器,对流经散热器内部的滑油进行冷却。滑油散热器内部有一个旁路阀,当压力大于规定压力时打开,避免滑油散热器承受高滑油压力。

滑油流过滑油散热器和滑油滤,然后通过齿轮箱机匣内的通道流向 APU 齿轮、轴承及发电机,对其进行润滑和冷却。APU 的后转子轴承由外部滑油管路提供滑油,进行润滑。

值得注意的是当 APU 在地面工作时,如果 APU 舱门是开着的,滑油可能超温。为了利用排气引射作用产生足够的冷却空气流,舱门必须关闭。

4) 滑油过滤器

用可更换的滑油过滤器对滑油进行过滤,双滑油压力传感器对滑油过滤器的污染程度进行监控,当压力达到规定压力时向 FADEC 发出过滤器即将堵塞的维护信息。当滑油压力大于临界压力时,内部旁路阀打开,允许滑油旁路散热器保证对润滑系统的滑油供应。

5) 滑油温度/压力传感器

FADEC 对滑油温度传感器和双滑油压力传感器进行监控。在地面当滑油温度达到告警温度时 APU 自动停车。双滑油压力传感器对滑油过滤器的污染程度进行监控。在地面如果出现滑油温度过高或滑油压力过低时,APU 会自动停车。APU 在地面工作时,当滑油压力降低到临界压力时,压力传感器向 FADEC 发出信号,APU 自动停车。双滑油压力传感器不仅感受低的滑油压力,也能感受滑油过滤器进出口的压差,并且能探测到即将发生堵塞的情况,及时向 FADEC 发出信号,FADEC 就会为飞机提供维护告警信号。

6) 滑油泄压阀

滑油泄压阀调节滑油压力。

7) 滑油回油泵

在润滑过程中,流过系统的滑油通过重力和回油泵返回到滑油箱。一个回油泵用于发电机滑油的回油,另一个回油泵用于后轴承滑油的回油。前轴承的滑油通过重力回油。

前轴承通过外部管路与 APU 排气引射部位相通。

后轴承通过外部管路与齿轮箱相通。

齿轮箱通过外部管路与 APU 排气管相通。

当 APU 停车时,放气阀打开阻止滑油进入滑油泵。系统中的滑油通过重力返回滑油箱。当 APU 的转速低于一定转速时,放气阀关闭。

8）磁性放油接头

磁性放油接头安装在齿轮箱的底部，可以放出滑油箱内的滑油。放油接头内装有一个单向阀和磁屑探测器。单向阀可以防止在拆掉磁屑探测器进行检查时滑油箱内滑油的泄漏。

3.2.3.4 APU 燃油系统

飞机燃油系统为 APU 燃油系统提供燃油。

APU 燃油系统由燃油模块、燃油支管和燃油喷嘴组成。

在 APU 起动和工作过程中，APU 燃油模块为燃油喷嘴提供计量燃油。燃油喷嘴安装在燃烧室机匣上，在燃烧过程中向燃烧室提供雾化的燃油。如图 3‐11 所示。

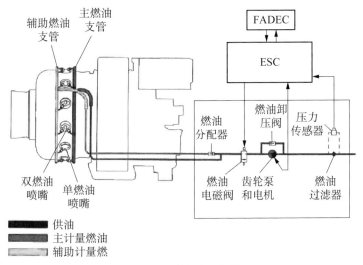

图 3‐11 燃 油 系 统

1）燃油模块

燃油模块安装在 APU 齿轮箱组件的右侧，由燃油过滤器、燃油压力传感器、电机驱动的齿轮泵、燃油电磁阀及流量分配器组成，如图 3‐12 所示。

燃油模块内部的可更换的燃油滤对燃油进行过滤，并可通过拆掉底部的螺接堵盖更换油滤。一旦油滤被杂质污染，当通过油滤的燃油压差达到告警压力时，燃油压力传感器会通过电起动控制器（ESC）向 FADEC 发出维护告警信号。燃油过滤系

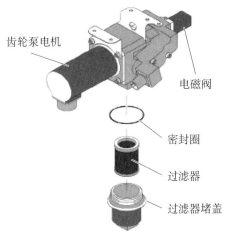

图 3‐12 燃油模块

统没有旁路阀。燃油模块内的齿轮泵由无刷电机驱动,无刷电机由 FADEC 通过 ESC 控制。无刷电机的速度是可调的,从而维持发动机燃油流量的要求。当燃油压力太大时,燃油泵卸压阀可以旁路一部分燃油到燃油泵的进口。

2)燃油电磁阀

当起动程序开始时,在转速达到一定转速时,FADEC 会使燃油电磁阀通电从而使燃油系统处于打开位置,为双燃油喷嘴提供主燃油。当点火系统点着燃油后,燃油阀持续为双燃油喷嘴供计量燃油维持燃烧。当燃油压力达到一定压力时,装在燃油电磁阀和燃油喷嘴之间的流量分配器开始打开,并在 APU 的工作过程中保持在打开位置,为所有燃油喷嘴提供辅助燃油。当 FADEC 使燃油阀断电关闭时,停止向燃油喷嘴供油,APU 停车。

3)燃油支管

两个燃油支管(即主支管和辅助支管)为燃油喷嘴提供计量燃油。燃油支管安装在燃烧室机匣的一周,与燃油喷嘴相连。

3.2.3.5 燃油喷嘴

在燃烧室机匣的一周布置有燃油喷嘴,向燃烧室喷射雾化的燃油,在燃烧室内燃油和空气混合维持燃烧。在 APU 起动过程中,燃油模块为所有双燃油喷嘴提供主燃油。当燃油压力达到一定压力时,装在燃油电磁阀和燃油喷嘴之间的流量分配器开始打开,为双喷嘴和单喷嘴提供辅助燃油。

在 APU 正常工作中,燃油模块为所有喷嘴提供计量燃油。如图 3 - 13 所示。

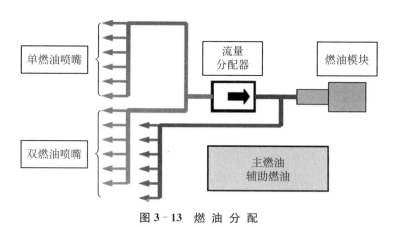

图 3 - 13 燃油分配

3.2.3.6 系统设计流程

按照飞机的研制流程,APU 本体的设计与验证过程主要包括以下阶段,各阶段主要完成的工作如下。

(1)概念方案设计阶段:初步 APU 本体与性能需求定义和候选 APU 方案论证与对比分析。

（2）非详细设计阶段：APU 本体与性能需求定义、APU 本体选型方案确定与论证、APU 本体与性能设计接口定义和 APU 安装性能分析。

（3）详细设计阶段：供应商开展 APU 详细设计。

（4）制造阶段：供应商开展 APU 生产制造、供应商开展 APU 实验室试验和供应商交付 APU。

（5）试验试飞阶段：APU 系统的地面试验验证和 APU 系统的试飞验证。

（6）适航取证阶段：APU 本体与性能的适航符合性说明、计算分析、试验验证符合性表明以及条款关闭等工作。

3.2.4　验证过程

3.2.4.1　适航条款要求

支线飞机 APU 本体与性能适用的适航条款如表 3-1 所示。具体的条款内容详见 CCAR-25-R3。

表 3-1　APU 本体与性能适用的适航条款

条款	标题	条款	标题
25.1309a	设备、系统及安装	APU25.1163b	APU 附件
APU25.903a	辅助动力装置	APU25.1163c	APU 附件
APU25.903c(1)	辅助动力装置	APU25.1165	APU 点火系统
APU25.903c(2)	辅助动力装置	APU25.1501b	使用限制和资料总则
APU25.903d(1)	辅助动力装置	APU25.1521	APU 的限制
APU25.903d(2)	辅助动力装置	APU25.1527	环境温度和使用高度
APU25.903e(1)	辅助动力装置	APU25.1549	APU 仪表的标记和标牌
APU25.903e(2)	辅助动力装置	APU25.1549a	APU 仪表的标记和标牌
APU25.939a	APU 工作特性	APU25.1549b	APU 仪表的标记和标牌
APU25.939c	APU 工作特性	APU25.1549c	APU 仪表的标记和标牌
APU25.939d	APU 工作特性	APU25.1549d	APU 仪表的标记和标牌
APU25.943	负加速度	APU25.1551	滑油量指示器标记和标牌
APU25.1163a	APU 附件	APU25.1557b	其他标记和标牌

3.2.4.2　主要的试验试飞

APU 本体相关的试验试飞项目有以下几个方面。

（1）APU 工作特性地面试验。

（2）APU 地面再起动试验。

（3）APU 工作特性试飞。

（4）APU 再起动能力与风车特性试飞。

（5）APU 负加速度试飞。

3.2.5　关键技术

APU 本体与性能设计和验证的关键技术是 APU 非包容性转子爆破防护设计与验证。APU 本体安装设计与验证的关键技术是 APU 空中起动集成和验证技术。

3.2.5.1　APU 非包容性转子爆破防护设计与验证技术

APU 以 TSO - C77a 为审定基础取证时,需要满足 TSO - C77a 的最小性能要求,针对 APU 转子完整性要求,TSO - C77a 给出两种选项,APU 需要满足其中一项。

(1) 转子完整性: 该选项包括 APU 速度和温度限制设备的功能试验,证明转子过载裕度的超转和超温试验及转子叶片包容能力的验证试验。其中转子叶片包容试验需要在 TSO 定义的 APU 转速(>100%)对最关键转子叶片进行验证。

(2) 转子包容性: 该选项需要验证 APU 在 TSO 定义的 APU 转速(>100%)下对最关键转子轮毂破裂具有包容能力。

不管 APU 制造商选用何种选项验证 APU 转子完整性能力,APU 转子非包容失效仍时有发生,而且选择转子完整性选项出现 APU 转子非包容失效的频率更高,易产生更高能量的碎片。

运行经验显示 APU 向心涡轮产生的碎片有相当大的能量,辐射角度可以达到 35°的角度(从飞机旋转面)。另外一些 APU 转子失效会导致大的转子碎片从排气管排出(轴向失效),对飞机造成危害,因此 FAA 要求安装设备阻止大的转子碎片通过排气管下面排出。因此靠近飞机,APU 安装关键设备如控制电缆、气密隔板、燃油箱和管路及供电电缆或者防火设备时,应该在 APU 失效模型上考虑以上因素。

为避免由 APU 转子失效导致危害,采取的飞机级保护措施应在技术上和经济上是可行的。典型的此类安全级别可通过以下措施完成:

(1) 在 AC20 - 128 定义的 APU 转子爆破区域不安装关键的飞机结构、部件和系统。不管 APU 满足 TSO 中转子包容性还是完整性规定,这种方法都是有效的。

(2) 满足 TSO 包容性要求的 APU 的安装。在这种情况下,在转子爆破区域的关键飞机结构和部件必须考虑对二次碎片的屏蔽,能够包容总的转子能量的 1%(二次碎片尺寸和能量由 APU 制造商提供)。

(3) 满足 TSO 转子完整性要求的 APU 安装。在这种情况下,在转子爆破区域的关键飞机结构和部件必须考虑对最关键的 1/3 轮盘碎片的最大能量的屏蔽。飞机的保护措施和安装节必须通过使用处于 TSO - C77a 第 7.10 节定义的转速的 1/3 轮盘进行实际试验来验证。

无论采用以上何种符合性方法,仍然需要做 APU 转子爆破危害性分析以验证对 CCAR25.903(d)(1)的符合性。如果在 APU 转子爆破区域内没有安装关键的飞机结构、部件和系统,那么危害性分析只需要包括一个布局图,以展示 APU 爆破区域和最近的关键部件或结构的关系。对符合(2)和(3)选项的,对发动机和 APU 需要一个详细的飞机危害性分析(分清由 APU 转子非包容失效导致的潜在危害),AC20 - 128 给出了大纲。

除了设计预防第 25.903(d)(1)条规定的转子失效的最小危害性,第 25.901 条和第 25.1461 条要求采取措施预防对影响飞机持续安全运行的关键系统产生损害的 APU 轮盘、叶片和二次失效,不管任何 APU TSO 证明包容性的声明。先前可接受的减小 APU 非包容失效造成的危害的方法可见 AC20 - 128。方法主要包括分离、隔离、冗余和额外的屏蔽。

另一种 APU 失效关系到 APU 运行时飞机的地面除冰操作。曾经发生过防冰液进入 APU 导致 APU 超转,最终造成非包容失效和重大的飞机结构损坏。因为进入 APU 进气的防冰液是一个额外的燃料来源,通过降低燃油流量的 APU 超转保护措施是无效的。另外,APU 包容环(如果适用)被设计和测试能够包容大约 110%最大转速的轮毂失效,可能不能有效包容防冰液进入使得 APU 超转(130%)产生的碎片。

因此在地面除冰操作条件下,一些飞机制造商选择设计分流器或防冰液挡板,合理安排 APU 进气口位置,以使防冰液(或其他易燃液体)进入的风险最小,并结合运行告警措施。其他制造商选择在地面防冰时禁止使用 APU。单独使用运行告警(如不要将防冰液喷射进入 APU)不是完全有效的。制造商必须通过飞机飞行限制手册说明地面防冰时进气设计考虑和运行告警或禁止 APU 运行情况。

1)适用条款和要求

适用的条款:CCAR - 25 - R3 第 25.901(c)条、第 25.903(d)(1)条和第 25.1461 条。

第 25.901(c)条的主要要求:对于动力装置和辅助动力装置的安装,必须确认任何单个失效、故障或可能的失效组合都不会危及飞机的安全运行,但如果结构元件的破损概率极小,则这种破损不必考虑。

第 25.903(d)(1)条的主要要求:必须采取设计预防措施,能在一旦发动机转子损坏或发动机内起火烧穿发动机机匣时,对飞机的危害减至最小。

第 25.1461 条的主要要求:

(1) 含高能转子的设备必须符合本条(b)或(c),或(d)的规定。

(2) 设备中的高能转子必须能承受因故障、振动、异常速度和异常温度引起的损伤。此外,还要满足下列要求:

(a) 辅助转子机匣必须能包容住高能转子叶片破坏所引起的损伤;

(b) 设备控制装置、系统和仪表设备必须合理地保证,在服役中不会超过影响高能转子完整性的使用限制。

(3) 必须通过试验表明,含高能转子的设备能包容住高能转子在最高速度下发生的任何破坏(当正常的速度控制装置不工作时能达到的最高速度)。

（4）含高能转子的设备必须安装在转子破坏时既不会危及乘员，也不会对继续安全飞行有不利影响的部位。

咨询通告AC20‐108A"Design Considerations For Minimizing Hazards Caused By Uncontained Turbine Engine and Auxiliary Power Unit Rotor and Fan Blade Failures"提供了一个可行的符合性验证方法用于表明符合 25 部关于涡轮发动机和 APU 转子和风扇叶片非包容性破损危害的要求。

2）验证方法和相应的思路

根据咨询通告 AC20‐108A，减小发动机非包容性转子损坏危害的最有效的方法主要有将关键元器件置于可能的碎片撞击区之外；或者分离、隔开、冗余和遮护飞机关键元器件和/或系统。

支线飞机 APU 系统减小发动机非包容性转子损坏危害的设计考虑为

（1）APU 本体设备采用更为严格的转子包容要求进行符合性验证。

（2）APU 安装布置位置尽量与飞机其他系统或部件隔离。

（3）对 APU 的安装进行结构防护设计。

（4）考虑 APU 转子轴向失效的影响。

（5）对 APU 舱内的其他系统/设备进行安全性影响分析。

（6）考虑地面除冰操作的影响。

3.2.5.2　APU 空中起动集成与验证技术

APU 本体安装设计与验证的关键技术是 APU 空中起动集成和验证技术。基本流程见图 3‐14。主要技术如下。

1）APU 风门气动载荷计算技术

APU 风门气动载荷计算直接影响 APU 风门做动器的选型（力矩选择），该技术包括整个飞行包线内不同高度、不同天气和不同风门角度下的风门气动载荷计算技术。

2）APU 风门控制逻辑设计技术

根据 APU 本体自身起动要求，合理设计 APU 风门控制逻辑。APU 风门控制逻辑直接影响 APU 的起动。

3）APU 冲压恢复测量技术

APU 冲压恢复测量是 APU 风门控制逻辑设计的基础。该技术包括整个飞行包线内，不同高度和不同飞机速度下的 APU 冲压恢复测量技术。

4）APU 本体进排气压差计算处理技术

APU 本体进排气压差计算处理技术是检验 APU 风门控制逻辑的关键环节，也是区分供应商和主制造商是否完成各自要求的标准。

5）APU 空起工程试飞技术

APU 空起工程试飞技术直接关系到验证试飞结果。该技术保证了 APU 空起验证的严酷性和科学性。流程如图 3‐14 所示。

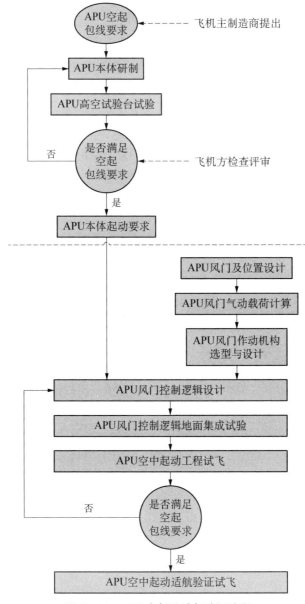

图 3‑14　APU 空起设计与验证流程

3.2.6　关注点

　　支线飞机 APU 本体选型一般需采用成熟的系统构架,系统技术较先进且系统可靠性较高。APU 本体要求获得 TSO‑C77b 批准的产品或在此基础上改进的产品,这样可保证项目进度且降低项目研制风险。在系统集成方面,需掌握 APU 本体选型与集成的两项关键技术。

3.3　辅助动力装置安装系统

3.3.1　需求来源

安装系统将辅助动力装置（APU）可靠地固定在机身上，以保证其安全运转。

3.3.2　设计特点

辅助动力装置安装包括侧向安装和对称式安装。侧向吊装的形式，如图 3－15 所示。对称式布置相比结构受力均匀性降低；侧向安装可以更好地适应尾锥结构空间，同时减少安装结构重量。

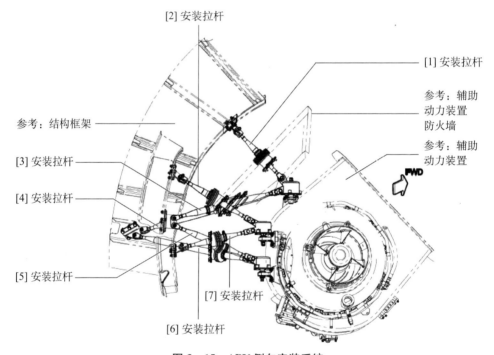

图 3－15　APU 侧向安装系统

3.3.3　系统描述

APU 安装形式为弹性超静定形式，通过拉杆和柔性隔振器安装节将 APU 杆可靠地固定在机身尾段结构上。隔振器安装节分别位于齿轮箱及进气腔后侧，隔振器减小飞机与 APU 之间的振动传递。齿轮箱上方安装节承受 x、y、z 三向载荷，齿轮箱下方安装节承受 x、y 两向载荷，进气机匣后方安装节承受 x、z 两向载荷。这种安装形式可以保证快速更换发动机，只要松开安装拉杆与隔振器的连接螺栓，通过地面支援设备（GSE）就可以容易地将 APU 从 APU 舱中拆下。在安装拉杆和机身连接端接头组件装有关节轴承，关节球轴承和隔振器可以补偿由于 APU 的热膨胀而引起的热变形,避免产生内应力,同时可以补偿制造公差。由于 APU 舱需具备着火包容性,拉杆穿舱处采用了橡胶密封件、隔热垫和陶瓷布进行防火封严,橡胶密封件在纵向具有一定压缩能力,可补偿热变形和制造装配公差。

3.3.4 验证过程

3.3.4.1 APU 安装系统设计需求

APU 安装系统的设计需求主要源自于功能、结构强度、适航、环境、可靠性、安全性、维修性及可达性等几个方面。其中 APU 安装系统的主要功能需求包括:①将APU 可靠地固定在机身结构上,保持 APU 位置及姿态不变;②能提供隔振措施,使主发动机和机体的振动频率与 APU 激振频率错开,避免产生共振,并可减少振动的传递及相互间的影响;③为进气和排气等接口安装误差提供补偿。

结构强度需求主要包括:①能承受飞机飞行包线内所有飞行状态会遇到的APU 及所装附件重量的惯性载荷、陀螺力矩载荷和扭矩载荷,以及型号技术要求规定的地面工作极限而不发生永久变形;②能承受转子卡滞及包容性轮毂脱落或飞机迫降引起的载荷,或者极限载荷不失效;③能承受飞机服役期间的疲劳载荷而不发生失效;④能防止 APU 热膨胀、支架变形以及与APU 相连的飞机管路或其他 APU 飞机接头的膨胀与收缩引起的载荷过大;⑤结构形式简单,重量小。

安装系统本质上讲是结构件,因此适航需求主要以 CCAR25 部中 C 分部(结构)和 D 分部(设计和构造)中的条款要求为主,同时还有一些如防火和设备安装等条款以及附录 APU 中的特定条款,如振动等方面的需求。

环境需求主要源自于对飞机服役过程中的安装系统所属区域的各种环境条件,如温度、湿度和腐蚀环境等,此外 APU 舱为指定火区,因此安装系统需要满足AC20-135 中的防火要求。

可靠性、维修性和安全性方面的需求,需要按照飞机总体要求予以考虑。特别是可达性和维修性对于后期航线运营影响较大,在设计时应重点考虑,如尽可能采用快装快卸形式,以便维修更换,同时尽量减少专用工具的使用等。

3.3.4.2 安装系统关键需求验证

1) 强度相关需求验证

安装系统强度相关需求包括适航条款中强度相关条款需求,主要包括静强度计算分析、疲劳强度计算分析以及静力试验进行验证。APU 安装系统静强度校核所用载荷考虑了飞机全机静载荷过载包线、动载荷情况过载包线、CCAR25.561应急着陆载荷、SC-A003(b)规定的 APU 扭矩和 CCAR25.363 侧向载荷,并考虑了CCAR25.303 安全系数以及 CCAR25.619、25.623 和25.625特殊系数,验证的强度适航条款有 CCAR25.787、25.305 和 25.307。主要校核部位包括拉杆、接头、拉杆与接头和减震器之间的连接以及接头与机身框之间的连接,APU 系统强度计算有限元模型如图 3 – 16 所示。

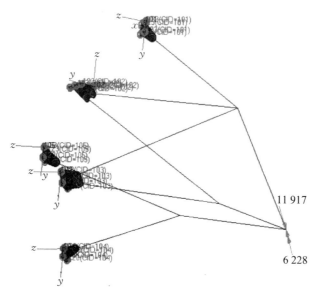

图 3 – 16　APU 系统静强度计算有限元模型

　　疲劳强度则根据飞机当量载荷谱,计算不同飞行剖面的各任务段情况下,APU 本体重心处的疲劳载荷,再通过 APU 本体安装系统的有限元模型计算得到 APU 本体安装系统的内力解,并最终通过安装系统进行疲劳强度校核,疲劳裕度均大于零,APU 本体安装系统结构满足疲劳强度要求。对 APU 本体安装系统进行破损安全分析,得出在任意 1 根杆失效的情况下,其余杆的裕度均大于零,满足强度设计要求。

　　静力试验一方面验证 APU 安装系统对适航条款第 25.305(a)(b)条、第 25.307 条的要求,另一方面验证 APU 安装系统连接强度分析的正确性,同时还能验证飞机能否满足飞机结构的静强度要求。APU 安装系统静力试验主要考核部位:APU 本体和消音器与机身连接的拉杆和连接紧固件;与机身结构连接接头以及紧固件、加强件及与机身框连接局部区域。

　　2) 振动相关需求验证

　　辅助动力装置安装需满足 APU25.939(c)和(d)条中的振动要求:在正常运行期间,APU 进气系统不得由于气流畸变的影响而引起有害于 APU 的振动;超过要求证明的工作条件范围时,必须制订不超过 TSO 规定的临界频率和振幅的 APU 安装振动条件。振动需求验证通过 APU 振动地面试验和飞行试验机型验证。APU 振动试验所分析的 APU 工作状态,包含了 APU 起动、停车、加卸引气负载和加卸电负载等 APU 功能运行过程的振动数据,能够充分反应 APU 在地面运行的振动情况。在试验过程中,根据 APU 振动限制可接受判据,需要对涡轮机匣和齿轮箱在转子频率下的振动值进行分析。由于在试验过程中,涡轮机匣和齿轮箱上的振动传感器均为振动加速度传感器,采集了试飞环境中的各种振动综合的时域数据,包括电机、本体和齿轮等。因此,分析振动数据时,需要将时域数据通过傅里叶变换,转换为频域数据,从而将转子频率下的振动值分析出来,进行判断。由于涡轮机匣和齿轮箱上振动传感器采样频率很高,数据量大,因此采用了对 APU 工作状态改变的时间段进行振动分析的方法。

APU 振动地面试验结合其他试验科目进行,根据 APU 振动数据分析的结果,涡轮机匣测量点在转子频率下的振动峰值均未超过瞬时限制值;齿轮箱测量点在转子频率下的振动峰值均未超过瞬时限制值,地面振动试验满足可接判据要求。APU 振动飞行试验同样结合其他试验科目进行,试飞数据分析表明:各科目振动试飞过程中,涡轮机匣测量点在转子频率的振动峰值均未超过限制值;齿轮箱测量点在转子频率下的振动峰值均未超过限制值,各科目 APU 振动都满足飞行试验的可接受判据,满足条款要求。

3) 防火相关需求验证

APU 安装系统防火需求验证属 APU 系统关键技术之一,具体参见 3.3.5.6 安装系统防火设计技术。

3.3.5 关键技术

3.3.5.1 系统布局技术

安装系统布局需通盘考虑 APU 功能、进气系统、排气系统和引气系统等其他系统布局,以及 APU 舱、支撑结构、空间、维修性、载荷和系统刚度等多方面的因素,选择合理的布局方式,安装系统布局应与整个 APU 系统一起做权衡考虑。安装系统的布局技术包括 APU 本体安装点的布置(安装点的个数及在本体上的位置)、机身结构上拉杆支撑点的布置、静定或超静定杆系的选择、杆系传力分析及系统刚度分析等内容。

3.3.5.2 强度计算分析技术

安装系统强度计算分析技术包括飞机包线内的各类载荷、APU 转子卡滞以及一些特殊载荷下计算分析 APU 安装系统的强度满足所给的安全系数。此外,还包括安装系统的疲劳计算分析和损伤容限计算分析。

1) APU 安装系统的详细载荷要求

APU 安装节组件静强度分析所用载荷考虑了飞机的静载荷情况包线载荷、动载荷情况包线载荷、CCAR25.561 应急着陆情况载荷、SC‒A003 专用条件以及 CCAR25.363 侧向载荷。

(1) 惯性载荷(包括了应急着陆载荷)。

(2) 陀螺力矩载荷。

动着陆情况下机体的角速度 ω_x 与 APU 本体自身旋转的角速度 ω_{APU} 将引起关于 Z 轴的陀螺力矩 M_z，

$$M_z = I\overline{\omega}_{APU}\overline{\omega}_x$$

式中：M_z 为力矩，N·mm（APU 本体对其安装支架产生的力矩）；I 为转动惯量，lb·in·s²（I 为 APU 本体转动部分对自身转轴的转动惯量，$I=0.24$ lb·in·s²）。

根据以上计算式得出在各工况下 APU 安装系统所受的陀螺力矩。由于陀螺力矩在 APU 安装系统的受载中影响很小，在 APU 安装系统的应力分析中忽略了该工况。

（3）APU 扭矩载荷。

APU 安装节应考虑发动机最大限制扭矩和 1g 平飞载荷的同时作用。APU 最大限制扭矩载荷计算式如下：

$$M = \sum \omega_{max} \frac{I}{\Delta t}$$

式中：ω_{max} 为 APU 最大转速，rad/s；I 为 APU 转动惯量，lb·in·s²；Δt 为时间，s（取 0.3 s）。

根据上式计算得出 APU 安装节在 SC‑A003 专用条件规定下的 APU 扭矩载荷，在叠加 1g 平飞载荷得出各杆在该工况下的各杆轴力，并与最大动载荷进行对比。

（4）转子卡滞与轮毂脱落载荷。

APU 转子卡滞产生的最大限制扭矩与 APU 三分之一轮毂破裂产生的最大扭矩相比，后者将前者包络，因此将 APU 三分之一轮毂破裂产生的最大扭矩与 1g 平飞载荷同时作用作为载荷工况计算。

（5）侧向载荷。

依据 CCAR25.363 条款的规定，作用于 APU 本体安装支架上的侧向限制载荷系数不得低于 1.33。其对应的横向极限载荷系数为 1.33×1.5＝2.00，可知此侧向载荷将被应急着陆惯性载荷包络。

（6）与各接口的相对运动分析。

在静强度分析时，将各个接口考虑在内，分析在各工况下杆系完好及单杆失效时的偏移量。

2）APU 安装系统疲劳与损伤容限评定

虽然 APU 安装系统不属于重要结构元件（PSE），但是 APU 安装系统仍然需要符合 CCAR25.571 条款，在 APU 安装系统中，对于拉杆组件和接头组件只进行疲劳分析，分析结果疲劳裕度大于 0 来表明对 CCAR25.571 条款的符合性，一方面是由于应力相对较低，另一方面是拉杆是超短结构，满足破损安全设计原则。对于减（隔）震器，由于其属于单传力路径，必须进行损伤容限分析。

3.3.5.3　振动分析技术和隔振设计

安装系统各个组件需进行振动分析,避免其固有频率与机身或者 APU 振动频率相同而共振,振动分析包括动态计算分析和振动试验。安装系统的振动隔离通常是采用隔振器来实现的,而隔振器的选型技术比较关键,除了要考虑减振要求的最大动态传递率外,还要考虑载荷、静态和动态刚度及环境等方面的要求。APU 安装系统的隔振器要求主要包括性能要求和使用环境要求,隔振器的主要功能是将 APU 载荷传递给机身结构,同时隔离 APU 和机身之间的振动传递,此外要能够避免 APU 因热膨胀而在结构上产生载荷。下面仅列出一些隔振器关键要求。

(1) 传递率:安装节对于发电机名义转速和 APU 转速频率的传递率不超过限制值;对于 3 倍共振频率,沿任一主轴的传递率不超过限制值;对于共振频率,传递率不超过限制值;为避免主发风车激励,安装系统的共振频率应大于主发风车激励频率。

(2) 环境要求:环境要求主要包括载荷、温度、湿度、振动、冲击和防火等,其中载荷要求与整个 APU 安装系统一致。

在设计前期需要通过计算分析验证隔振设计是否满足要求,并且用于指导设计方案优化方向,因此振动分析技术较为关键。而在最终验证阶段,通过振动试验来验证实际方案是否满足要求,分析结果是否足够准确,振动试验在前文已提到,这里不再赘述。

3.3.5.4　安装系统公差分析和补偿技术

安装系统各组件公差的确定,通过分析确保各个 APU 与机身各个接口满足安装公差要求,此外,安装系统还能对可能产生的安装误差起到补偿。

3.3.5.5　安装系统各零部件的细节设计技术

充分考虑接口、载荷、工艺和维修等方面要求,合理地进行安装系统各零部件的详细设计。

3.3.5.6　安装系统防火设计技术

1) 适航要求

为避免火焰穿透防火舱密封造成额外安全风险,按照 APU25.1191b(3)条款要求:"APU25.1191 防火墙,(b)防火墙和防火罩应满足下列要求:(3)其构造必须使每一开孔都用紧配合的防火套圈、衬套或防火墙接头进行封严。"

防火试验依据 AC20-135 进行,要求是火焰温度达到 $2\,000°F(±150°F)$,热通量为 $10.6\ \text{W/cm}^2$,试验件受热面积不小于 $5\ \text{in}×5\ \text{in}$,预热 2 min 后,持续灼烧 15 min。合格判据为不发生烧穿,且背侧不能出现自燃。

2) 穿舱密封典型构型

APU 系统布置在机身尾段的 APU 舱内,通过拉杆穿过防火墙固定在机身框上,在防火墙的开口上有波纹套,用于实现 APU 拉杆穿舱的防火密封,如图 3-17 所示。

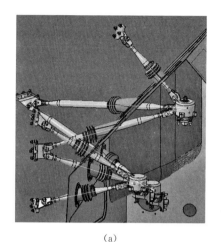
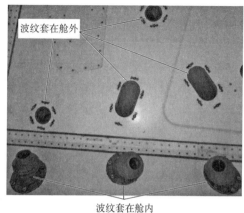

（a）　　　　　　　　　　　　　　　（b）

图 3 - 17　波纹套装机布置

（a）拉杆穿舱装机模型　（b）舱内波纹套布置

　　APU 舱为指定火区，为表明波纹套能实现防火密封，需同时考虑波纹套在舱内和舱外的构型，因此分别进行了波纹套在受火侧构型和波纹套在非受火侧构型的防火试验。

　　3）防火试验的影响因素

　　（1）传热过程。

　　防火试验过程中同时包含了导热、热对流和热辐射三种传热形式，在燃烧器火焰和防火墙正面之间为对流换热和辐射换热共存的复合换热，然后热量通过防火墙的固体导热传递到背面，防火墙背面通过对流换热和固体热辐射向背侧空间散热，如图 3 - 18 所示。

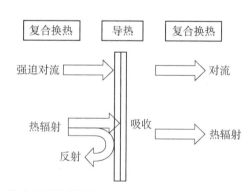

图 3 - 18　防火实验传热过程

　　燃烧器加热防火墙壁面的传热和传质过程符合能量传递的场协同机制，在燃烧器风机的作用下，在燃烧器和防火墙间为强迫对流，而且火焰筒内的导向叶片使得热气流产生较强的旋转运动,强化传热,与普通圆管射流相比,其涡流分离,湍流强度高,能明显改善受冲击板的径向温度分布均匀性。

在防火墙后侧在没有通风或通液的情况下,此处为自然对流,如果通风则为强迫对流,能明显加强换热效果。后侧的热辐射为防火墙背侧表面的固体热辐射。

(2) 燃烧火焰特点。

燃烧器包括甲烷喷灯燃烧器和油燃烧器,相比甲烷喷灯燃烧器,油燃烧器更为严酷,油燃烧器火焰的冲击射流通常具备湍流性质,其动力学结构极为复杂,包含了化学反应和湍流流动的交互作用,燃烧反应产生的热量使得气体膨胀、速度加大,提高湍流强度;湍流通过各组分与温度脉动促进燃料与氧气间的混合和传热,从而增强化学反应速率,湍流射流在其冲击表面有很高的局部传热率和冲击力。防火试验时火焰垂直于试验件,火焰冲击流垂直于固体壁面,即冲击流的射流方向和传热方向的相位差为0时,换热效果最佳。

(3) 考虑因素。

防火将材料本身防火性能、部件设计特点、装配连接形式进行综合考虑,波纹套防火设计主要是从硅橡胶耐高温、隔热、挡火和柔性这四个方面来考虑的,经过多次试验获得经验。

对于装在火区的波纹套,要在背侧堵住火焰,通过陶瓷布套筒,阻隔氧气,抑制自燃,同时包容火焰,避免蔓延。

对于装在非火区波纹套,在防火墙上增加隔热,避免高温表面点燃;隔热垫上带内花瓣,要可以挡住火焰,也具备柔性。

4) 防火试验小结

防火设计需要从材料、部件本身和安装形式三个层面去考虑。材料的耐高温性能有助于装配防火,但材料防火,部件不一定防火;部件防火,但由于安装形式的差别,组件也不一定防火。在防火试验中,材料性能、试验安装、边界条件和热变形等因素影响试验结果。在材料试验中,通常采用大的平板或小的样片,形状简单,散热好,并在边界上做了很好的保护,可能可以通过试验。但是在制成指定形状部件后,可能因为特定形状和使用环境而聚集热量,高温着火。按照装机条件作为组件后,则还可能因为安装边界的热变形而导致烧穿。除了考虑防火材料,主要还是通过结构防护的安装设计,实现了组件防火。

3.3.6　关注点

APU 安装系统可以有多种形式以适应飞机周围结构和环境等各个因素的限制,从众多方案中选择最优的方案是安装系统设计的重中之重。目前在役以及新研机型中,虽然安装系统中各个拉杆的位置、角度以及本体布置点等因 APU 的姿态以及周围机身结构的不同而有所偏差,但单从安装杆系布置形式上讲,一般是采用三点安装,即在 APU 本体上通过三个安装节固定,安装节与 APU 本体连接一般采用快卸形式,而整个杆系的布置可以分为静定型和超静定型,不同的设计理念对于后续一些需求的验证思路有较大的差异。

3.4　辅助动力装置控制和电气系统

3.4.1　需求来源

APU 控制和电气系统用于控制、监控和保护 APU。

3.4.2　设计特点

APU 的控制是通过 FADEC 来实现的。

3.4.3　系统描述

APU 控制系统主要包括以下电气设备：全权限数字电子控制器(FADEC)、电子起动控制器(ESC)、燃油控制模块(FCU)、无刷起动发电机(BSG)、APU 控制面板和风门电动机构控制器。

3.4.3.1　FADEC

FADEC 监控包括速度和排气温度在内的 APU 各种参数(见图 3 - 19),通过风门控制器控制 APU 进气风门,通过电起动控制器(ESC)控制 APU 的起动电机和燃油模块、APU 点火和 APU 引气阀。FADEC 与飞机座舱的 APU 起动控制面板、环控系统引气控制面板、发动机指示与机组告警系统(EICAS)、航电系统、机上中央维护系统及地面维护设备交联,将 APU 的主要参数及告警信号显示在 EICAS 上,将 APU 的故障及维护信号传递给机载维护系统(OMS)。

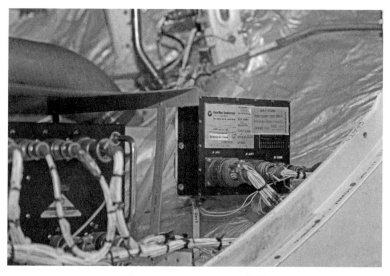

图 3 - 19　APU FADEC 监控

3.4.3.2　BSG

无刷起动发电机(BSG)负责在 APU 起动时提供初始的转动力矩,同时产生电功率来驱动电动燃油模块中的燃油泵。在 APU 初始起动加速过程中,BSG 从 28 V DC 飞机蓄电池获取大电流。在 APU 达到 50% 转速时,BSG 从起动模式转化为发电模式,APU 继续自动加速到 100% 的转速,并开始为燃油模块中的电动燃油泵提供电能。

3.4.3.3　ESC

ESC 是一个 28 V DC 电控制器,它为 BSG 提供电能,从而提供 APU 的起动力矩,监控 BSG 的状况并提供故障探测/隔离,为电动燃油模块提供电能并监控起动状况。FADEC 通过 ESC 为 BSG 提供电能并控制燃油模块中燃油泵的转速。

3.4.3.4　风门电动机构控制器

风门电动机构控制器由美国 Woodward MPC 公司提供。风门电动机构控制器主要用来控制风门电动机构的行程,使其运行到指定位置,同时,风门电动机构控制器还能够将风门电动机构工作状态反馈给 APU FADEC,用来监测风门电动机构工作状态是否满足系统要求。APU 进气风门共有 2 种状态:关闭和打开,风门电动机构作为执行机构,主要用于进气风门的位置控制,安装在进气风门一侧,通过风门安装框缘安装在结构桁条上。风门电动机构及其控制盒如图3-20 所示。

3.4.3.5　APU 控制面板

在驾驶舱顶部板上装有 APU 起动和控制面板,其上设有主开关(MASTER SW)和

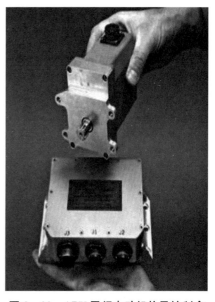

图 3-20　APU 风门电动机构及控制盒

应急停车开关(EMERG STOP),飞行员可以通过主开关实现 APU 的起动和工作及正常停车,通过应急停车开关实现 APU 的应急停车。主开关为旋扭,有三个位置:停车(OFF)、工作(ON)和起动(START),如图 3-21 所示。各个开关的功能如下:

(1) OFF:APU 冷却运转 1 min 后停车。

(2) 注意:在 1 min 的冷运转期间把主开关从 OFF 位移到 ON,APU 会继续工作。

(3) ON:飞机为 FADEC 提供电源,FADEC 进行软/硬件初始化及自检,并将飞机燃油系统 APU 燃油切断阀打开。

(4) START:起动位置,1 s 松手后自动返回 ON 位置。

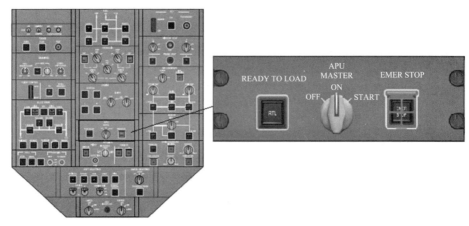

图 3-21　APU 控制面板

图注：READY TO LOAD/RTL：可加载；APU MASTER 主开关；EMER STOP：应急停车；START：起动。

（5）EMERG STOP：按下此开关时白色灯亮，APU 立即停车，没有冷转期。此开关上有一个保护盖，防止误动作而引起 APU 停车。

（6）RTL：灯亮表示 APU 可以为飞机提供电载荷和气载荷。

3.4.3.6　APU 指示系统

APU 指示系统由两部分构成，飞行面板显示 CAS 信息（APU 系统告警和状态信息）和 APU 速度（单位是%）及排气温度（EGT，单位是℃）实时值指示。APU 速度和 APU EGT 以三种颜色——绿色、琥珀色和红色显示在飞行面板上，绿色表示正常工作范围，黄色表示告警范围，红色表示超出安全工作极限。APU 指示系统的功能是监控 APU 的转速和排气温度（EGT），并传送这些参数到飞机的 EICAS 上显示。此外，APU 的维修数据（FADEC 和 APU 的序列号、工作小时数、循环数和故障历史）记录在数据存储模块（DMM）上以便于 APU 返厂修理时候的工作评估和趋势监控。APU 系统指示及告警信息使飞行机组便于监控 APU 的工作状态和用于故障排除。

3.4.3.7　APU 点火系统

点火系统由激励器、两个点火电嘴和点火电缆组成。FADEC 为激励器提供 28 V DC 的电源。激励器是一个固态的电容放电元件，为点火电嘴提供间歇的高电压。激励器安装在齿轮箱的低部，并通过两根点火电缆和点火电嘴相连。激励器由 FADEC 控制，当发动机转速达到 7% 时，通电为点火电嘴提供高电压。激励器继续提供高电压直到发动机转速达到 50%。两个单独的点火电嘴通过螺纹安装在燃烧室机匣低部区域的两侧，并伸进燃烧室点燃通过燃油喷嘴雾化的燃油。

3.4.3.8　APU 起动系统

APU 起动系统由一个永磁无刷 DC 起动/发电机(BSG)、电起动控制器(ESC)组成。BSG 安装在减速齿轮箱上并与 APU 转子连接。在工作过程中 BSG 起动/发电机可以产生 1.5 kVA 的电功率,为燃油模块中的燃油泵驱动电机提供电源。

在 APU 起动过程中,当 APU 起动机接触器闭合时,飞机为 ESC 提供直流电源。ESC 为燃油模块和 BSG 提供直流电源。在 APU 起动初期 ESC 为 BSG 提供直流电源,当发动机的转速达到 50% 时,FADEC 将使 BSG 从起动模式转化为发电模式。当 APU 转速达到 100% 时,BSG 为 ESC 提供交流电,ESC 将交流电转化为直流电,为燃油模块提供电源。FADEC 通过 ESC 对燃油模块进行控制。BSG 与 APU 转子直接连接(没有离合器),BSG 作为起动机使用直到转速达到 50%。当转速达到 50% 以上时,BSG 作为发电机使用,为 ESC 提供电源。在 APU 正常工作时,ESC 不使用飞机电源。

3.4.3.9　APU 的运行

1) 起动

按机组操作程序,完成起动 APU 前的准备工作,包括外部检查、驾驶舱初始化和起动直流燃油泵等工作。之后可以进行 APU 的起动操作。将 APU 起动主开关(MASTER)从 OFF 旋转至 ON 位置,保持 5 s 以上,再将起动主开关转至 START 位置并保持 1 s 后松手,开关从 START 位置自动返回 ON 位置。APU 开始进入起动程序,如图 3-22 所示。

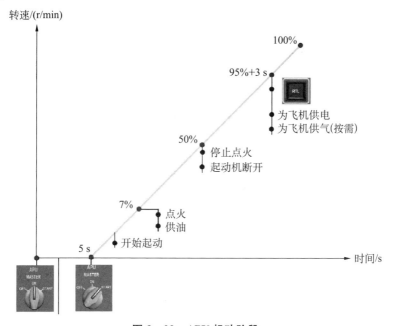

图 3-22　APU 起动阶段

2）APU 正常停车

APU 正常的停车操作是将 APU 起动主开关（MASTER）从 ON 旋转至 OFF 位置，进入 APU 正常停车程序。APU 首先会进行 1 min 的冷却程序，随后 APU 转速开始下降，如图 3 - 23 所示。

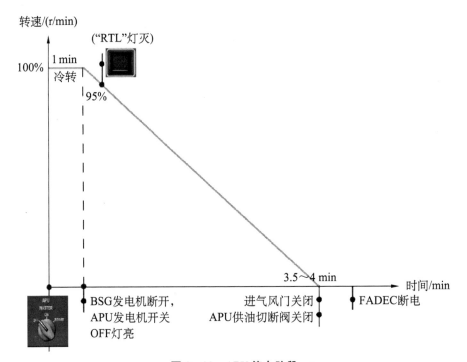

图 3 - 23　APU 停车阶段

3）APU 保护停车和紧急停车

可通过按下 APU 应急停车（EMER STOP）开关或提起 APU 灭火手柄执行 APU 应急停车。APU 应急停车时，APU 立即关车，没有冷转过程，并且 APU 供油切断阀关闭。待 APU 停车后，按下 APU 应急停车开关，旋转 APU 主开关从 ON 位到 OFF 位，使 APU 进气风门关闭，APU 进气风门关闭后 FADEC 断电。

FADEC 具有自动保护停车功能。当 FADEC 探测到 APU 发生故障或参数超限时，将发出 APU 自动停车指令，使 APU 停车。APU 自动停车无冷转过程，同时会出现"APU FAIL"警告信息。

3.4.4　验证过程

3.4.4.1　适航条款

APU 系统控制电气适航条款具体内容如表 3 - 2 所示。

表 3 - 2　APU 系统控制电气条款

条　款	内　容
APU25.901(c)(4)	安装：(c)对于每一个 APU：(4)安装的主要部件必须与飞机其他部分电气搭接。
APU1141(a)	APU 操纵器件：(a)必须在驾驶舱内提供起动、停车、紧急停车 APU 的措施。
APU1141(a)(1)—(a)(5)	每个控制部件必须： (1) 操纵器件的位置、排列和设计必须符合第 25.777(a)、(b)、(c)和(d)，标记必须符合第 25.1555(a)要求； (2) 操纵器件的位置必须保证不会由于人员进出驾驶舱或在驾驶舱内正常活动而使其误动； (3) 操纵器件必须能保持在任何给定的位置而不需飞行机组成员经常注意，并且不会由于操纵载荷或振动而滑移； (4) 操纵器件必须具有足够的强度和刚度，能承受工作载荷而不失效和没有过度的变形； (5) 柔性操纵器件必须经过批准，或必须表明适合于特定用途。
APU1141(b)	(b) 位于驾驶舱内的动力装置阀门操纵器件必须满足以下要求： (1) 对于手动阀门，在打开和关闭位置要有确实的止动器。对于燃油阀门，在上述位置要有适当的指示标志； (2) 对于驾驶舱的控制阀，除了机械措施外，为了飞机的安全操作，阀的正确操作功能是基本的。必须有直接指示阀到达指定位置的位置指示器。除非在驾驶舱其他的指示给出飞行员一个清晰的指示，表明阀已经到了指定的位置。一个连续的指示是不必要的。
APU1141(c)	(c) 对于不被注意的操作，APU 必须： (1) 在下面的情况下，必须能够提供自动关闭 APU 的措施： (i) 超过了 APU 的参数限制，或存在可发觉的危险的 APU 工作状态。 (ii) 如果在空气导管的引气口与飞机的用气装置之间的任一部位上出现导管破损，除非表明不会对飞机造成危害。 (2) 在 APU 舱火警的情况下，根据 APU25.1189 必须能够提供自动关断可燃性液体。
APU1141(d)	(d) 位于在驾驶舱以外的附加 APU 操纵器件，不管它位于飞机的任何位置，必须满足下面的要求： (1) 操纵器件的位置必须保证不会由于人员进出操纵区域或在操纵区域内正常活动而使其误动；和 (2) 操纵器件必须能保持在任何给定的位置不会由于操纵载荷、振动或其他的外部力而滑移。
APU1141(e)	(e) 位于指定火区内要求在着火情况下能够工作的每个 APU 的操纵器件，必须至少是耐火的。

（续表）

条　　款	内　　容
APU1165	APU 点火系统：除用于辅助、控制或检查点火系统工作的电路外，每一点火系统必须独立于任何其他电路。
25.1351(b)(3)	在任何可能的运行条件下，所有重要负载设备端的系统电压和频率（如果适用）均能保持在该设备的设计限制范围之内。
25.1357(a)(c)	电路保护装置 a) 必须采用自动保护装置，在线路发生故障或在系统或所连接的设备发生严重失灵时，最大限度地减小对电气系统的损坏和对飞机的危害。 c) 每一可复位型电路保护装置的设计，必须在发生过载或电路故障时，不论其操作位置如何，均能断开电路。
25.1357(d)	电路保护装置 d) 如果飞行安全要求必需有使某一断路器复位或更换某一熔断器的能力，则这种断路器或熔断器的位置和标识必须使其在飞行中易被复位或更换。
25.1357(e)	电路保护装置 e) 每一重要负载电路必须具有单独的电路保护。但不要求重要负载系统中的每一电路（如系统中的每个航行灯电路）都有单独的保护。
25.1357(g)	电路保护装置 g) 如果对于接至某设备的电缆已有电路保护，则可采用自动复位断路器（如热断路器）作为该电气设备自身装有的保护器。

3.4.4.2　系统试验试飞

　　APU 控制电气功能需求的验证主要通过航电交联试验、机上地面试验、机上检查和操纵器件试飞等方式验证。APU 航电交联试验见 3.5.4.3 节。

　　机上地面试验可以验证机上 APU 控制电气的电气线路是否正确；APU 正常的起动、停车、引气、发电和起动主发等功能是否正常；APU 与相关交联系统的信号传输及逻辑是否正确。APU 操纵器件试飞可以验证 APU 的控制面板及其操纵是否满足适航条款的要求，由飞行员评估控制器件的布置是否可以避免误动、不会由于操纵载荷或振动而滑移等，操纵器件是否具有足够的强度和刚度，能承受工作载荷而不失效和没有过度的变形等。

3.4.4.3　APU 航电交联试验

　　1）试验目的

　　APU 系统航电交联试验为研发试验，试验目的如下：

　　（1）验证航电系统与 APU 控制器之间的信号传输是否正确。

　　（2）验证 APU 控制板的指示与控制是否正确。

（3）验证 APU 系统的 EICAS 信息的显示是否正确。

（4）验证 APU 系统的指示信息的显示是否正确。

（5）验证 APU 系统的 CMS 信息的显示是否正确。

（6）验证 APU 与相交交联系统的信号传输逻辑是否正确。

2）试验原理

航电系统试验台（RIG）由简易飞行座舱（包括仪表板、遮光罩、中央操纵台、顶部板和两翼显示器）、仿真柜、航电机载设备航线（外场）可更换单元（LRU）试验件、设备柜、电源柜、接口柜、无线电柜、连接电缆和接插件组成。航电系统 RIG 通过电缆与非航电系统 Mini-Rig 相连，并向非航电系统 Mini-Rig 提供电源。APU Mini-Rig 由 FADEC、仿真机及电缆组件等组成。FADEC 是 APU 系统的全权限数字电子控制器，负责 APU 系统的所有控制功能。FADEC 通过 DCU 与航电网络交互信息，发出 EICAS 信息、CMS 信息和简图页信息供航电系统使用。

3.4.4.4　APU 操纵器件试飞

1）试飞目的

APU 操纵器件试飞的主要目的是验证对条款 APU25.1141(a)(3)的符合性。APU25.1141(a)(3)要求："必须在驾驶舱内提供起动、停车、紧急停车 APU 的措施。每个控制部件必须：（3）操纵器件必须能保持在任何给定的位置而不需飞行机组成员经常注意，并且不会由于操纵载荷或振动而滑移"。

2）试飞概况

APU 操纵器件试飞分别结合至辅助动力装置工作特性试飞、辅助动力装置进气系统试飞、辅助动力装置再起动能力和风车特性试飞及辅助动力装置负加速度试飞。经过对所有 APU 试飞科目进行研究确认，这 4 个科目能够涵盖操纵器件所遇到的所有操作动作，能够对操纵器件进行全面的评价。

3）试飞方法

APU 系统的控制板包含一个旋钮式的主开关和一个应急停车开关，如图 3-25 所示。主开关有三个位置：OFF、ON 和 START，可以实施 APU 的起动、停车和运转。应急停车开关可以实施 APU 紧急停车。

4）试飞结果

辅助动力装置操纵器件试飞验证了 APU 系统在驾驶舱内能够提供起动、停车和紧急停车的功能，并且 APU 的操纵器件能够保持在任何给定的位置而不需飞行机组成员经常注意，并且不会由于操纵载荷或振动而滑移。通过辅助动力装置操纵器件试飞，验证了辅助动力装置满足条款 APU25.1141(a)(3)的要求。

3.4.4.5　APU 再起动能力和风车特性试飞

1）试飞目的

APU 再起动能力和风车特性试飞主要验证对条款 APU25.901(d)、APU25.903

(c)(1)、APU25.903(d)(2)、APU25.903(e)(1)、APU25.903(e)(2)及 CCAR25.1309
(a)的符合性。

2) 试飞概况

APU 再起动能力和风车特性试飞分为申请人表明符合性试飞和局方审定试飞,结合了 APU 振动审定试飞、APU 操纵器件审定试飞和 APU 供油特性试飞。

3) 试飞方法

APU 连续起动时间间隔不少于 5 min。试验中若 EICAS 显示 APU 系统故障,按照最新的飞行员手册操作,终止该科目试验。

在规定的起动包线内,选择试验点,飞机水平飞行,分别采用主开关和应急停车开关进行 APU 停车,确定 APU 已停车后,按程序规定起动 APU,同时验证 APU 连续三次的起动性能;APU 系统进气风门处于全开状态下,验证 APU 的风车特性,在 APU 风车转速不大于 20% 的情况下,验证风车状态 APU 空中起动能力。

4) 试验结果

所有试验点 APU 均能起动成功。

3.4.5　关键技术

3.4.5.1　APU 驾驶舱人机界面设计技术

APU 驾驶舱人机界面设计包括 APU 控制面板和指示灯设计、APU 告警信息设计、APU 简图页设计和 APU 维护信息设计。APU 控制面板设计既要满足飞机级的驾驶舱设计理念要求,又要考虑 APU 控制器的上电及初始化、APU 控制器的不间断供电和冗余供电、APU 控制操纵的简洁可靠和 APU 状态指示灯等问题。设计初期,应多征求飞行员的意见,多研究主流机型的 APU 控制面板设计。

3.4.5.2　APU 和交联系统的接口设计

APU 与燃油系统、防火系统、环控系统和动力装置等的交联设计不仅关系到 APU 相关功能的实现,也直接影响到机组的操作程序。如果 APU 与交联系统联动设计得好,可以提高 APU 相关功能的可靠性,也可以简化机组操作,减轻机组负担。

APU 与燃油系统的联动设计包括 APU 起动与 APU 燃油阀的联动设计及 APU 紧急停车与 APU 燃油阀的联动设计。

APU 与防火系统的联动设计包括 APU 紧急停车功能与 APU 防火按钮的联动设计等。

3.4.6　关注点

3.4.6.1　FADEC 不间断供电

在设计 FADEC 供电时,应考虑电源系统转换时产生电源中断对 FADEC 供电影响的问题。只用左或右直流重要汇流条供电,满足不了 FADEC 对电源中断的要求,必须考虑主蓄电池汇流条供电。

3.4.6.2 控制主开关操作

起动逻辑应考虑 FADEC 及风门控制器的初始化时间,待初始化完成后再进入起动程序,解决 ON 位停留时间不够而导致 APU 起动失败的问题。

3.4.6.3 APU 告警设计

APU EICAS 信息的设计既要满足飞机级的驾驶舱设计理念要求,又要满足机组需求的 EICAS 信息,机组不关心的信息可以简化或合并。设计初期,应多征求飞行员的意见,多研究主流机型的 EICAS 设计。

3.4.6.4 APU 和交联系统的联动设计

APU 与燃油系统的联动设计:APU 起动前,机组需先按下 DC 泵起动按钮,该步骤可考虑利用 APU 起动信号来代替。

APU 系统与电源系统的联动设计:根据飞机的操作程序,空中当 1 台发电机失效时,需要起动 APU,该步操作可考虑联动设计,即发动机失效后自动起动 APU。

3.5 辅助动力装置系统进气系统

3.5.1 需求来源

APU 进气系统主要功能是满足 APU 各种工作条件下所需空气流量要求和性能要求,从而使 APU 自身正常运转。

3.5.2 设计特点

APU 系统组成如图 3-3 所示。APU 进气系统入口处装有一个冲压进气风门,采用连杆机构作用器,有打开和关闭两个位置。进气门口周围设有防冰液挡板,可阻碍飞机表面液体流入进气道。管道入口处装有一个过滤网,以减少 APU 吸入外物的可能。APU 进气消音器安装在 APU 进气管之间,组成进气道的一部分。消音器的上端通过锁扣与进气道组件Ⅰ连接,消音器的下端与进气道组件Ⅱ之间通过密封圈软连接,此外消音器还通过拉杆与结构相连。所有密封材料为防火材料。

3.5.3 系统描述

APU 进气系统布置如图 3-24 所示。

3.5.3.1 APU 进气口布置

APU 进气口位置的确定考虑了如下情况。

(1)进排气口相对位置:通常,APU 排气口与进气口位置要尽量远,以防止 APU 排气受到尾风侧风等影响而进入进气口。可以利用飞机结构本身的屏障来防止排气被吸入进气口,如机身、机翼、垂尾和平尾。进气口位置应排除吸入主发动机排气或者其他来源的热空气的可能性,应避免处在主发动机的排气流或激波及其他气流干扰影响的位置。

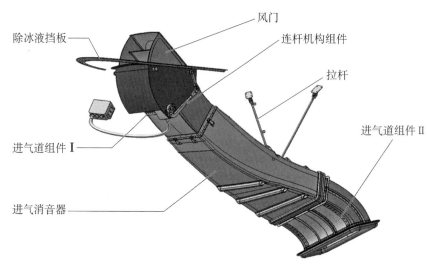

图 3 - 24　APU 进气系统布置

（2）进气口位置应减小液体（包括飞机清洗液等）的吸入。吸入不可燃液体会导致 APU 性能衰减，如果吸入量足够，会导致 APU 熄火。吸入少量可燃液体也会使性能受损，如果吸入量足够，会导致不可控超速情况。进气口位置应该减少外来物和固体颗粒（如跑道碎片等）吸入的可能性。

（3）APU 进气口需避免布置在飞机下表面，这样位置的进气口在地面状态下容易吸入跑道上的水和外物，同时飞行时也很容易将燃油系统、液压系统和冷却系统等的排放液体吸入机身，不利于 APU 系统运转。

（4）进气口位置选择需要考虑噪声问题，通常安装在飞机右侧，远离旅客舱和舱门。

（5）冷却进气口：如是整合式进气风门，通风冷却进气口将与 APU 进口布置在一起，两者应独立分离，相对位置可根据周边结构布置和通风冷却性能来确定；如是 APU 进气口和通风冷却进气口是分离式布置，通风冷却口应尽量与 APU 进气口保持一定距离从而保证两者互不干扰；通风冷却进气口布置应选择飞机表面压力高的位置，有利于提高 APU 系统通风冷却性能；其他考虑因素与 APU 进气口相似。

3.5.3.2　进气口形式确定

进气口位置、起动和运行性能要求影响进气口形式的选择。飞机在进气口选择时，考虑了以下因素：APU 空中运行要求；液体和固体颗粒吸入的影响；进气口位置；进气口和排气口之间的正压差；在所有地面和飞行状态下，有足够的进气量以保证 APU 起动和输出性能；飞行速度对 APU 进气压力水平、压力恢复、温度和畸变的影响；对飞机阻力的影响；对进气结冰的影响；对进气风门的要求。

3.5.3.3　进气风门设计

（1）二位（全关或全开）的风门能够满足大部分 APU 系统运行要求，也有采用多位置的风门以满足空中起动要求,地面和空中开启角度需要根据系统性能来确定。多位置风门的主要缺点是增加了风门控制和风门位置显示的复杂程度。

(2) 为了防止 APU 风车的进气风门气流泄漏,应该进行密封,在一些情况下,小的气流泄漏也足以产生不可接受的风车转速。进气系统应该尽量避免在飞行状态下 APU 不运转时的风车,以免发动机轴承和密封在没有润滑状态下的磨损。同时,必须防止反向风车。

(3) 进气门结构应能够承受各种运行位置的各种气动、压力负载和振动情况。进气风门机构在打开位置时应该具有足够强度,以防止过早的疲劳失效。

(4) 进气风门需与进气口匹配较好,外表面平滑且与临近的飞机外蒙皮之间的阶差小,从而减少对飞机的气动影响。

(5) 进气风门应满足耐火要求。

(6) 整合式进气风门应有利于降低 APU 进气系统设计的复杂性,减少 APU 进气系统在飞机上的开口,同时也减少了 APU 进气系统对飞机结构的影响。

3.5.3.4　风门作动系统设计

对风门作动系统,包括作动器、连杆和限位开关等都应进行仔细选择,以达到最大的可靠性和耐久性,同时,应满足以下要求:

(1) 作动器应能够在各种阻力和气流负载情况下打开或者关闭,能够破开指定厚度的冰层。进气风门作动器功率需充分考虑进气风门在飞机运行包线下所受到的最大力。进气风门可能受到的力包括风门开启时破冰力和风门受到的气动力,选取最大负荷作为设计基准。

(2) 作动器应能够在各种环境温度和振动条件下按要求运行。

(3) 作动器的行程根据飞机型号中 APU 进气系统安装位置确定。

(4) 连杆系统应具有灵活而准确的传动装置,在尽可能短的时间内开启和关闭进气风门,其满行程运行时间必须达到设计要求。

(5) 风门作动系统应保证迅速的风门运转并提供足够的风门位置显示,以防止在 APU 风门关闭下起动 APU 和在 APU 关车前关闭风门。

(6) 风门作动系统应具有手动开启、关闭和固定风门的方式,以应对在作动器失效的情况下派遣飞机或者维修作动器的情况。

(7) 风门作动系统应满足耐火要求。

3.5.3.5　进气管道设计

(1) 进气管道应提供 APU 系统地面和空中运转所需的空气流量,并使压力损失最小。进气管道应使压气机入口的气流方向最优,速度和总压畸变最小。

(2) 进气道设计时流道表面应光滑无凸出接头,同时避免突然的扩张和急剧的拐弯从而减少压力损失。在进气道中增加导流片可以提高 APU 进气系统气动性能。

(3) 进气道内部不能有机械紧固件,以防松动而被 APU 吸入。在 APU 进气口和进气管道之间应采用柔性连接,可以是波纹管或柔性密封。

(4) 进气管道,包括卡箍,需要有足够的强度来承受由于正常运行中,严重喘振和风门失效下导致的最大压力变化和振动。

(5) 进气管道必须是防火的,应满足 AC20 – 135 防火要求。

(6) 进气管道应使用消音措施,可以采用吸声的材料吸收进气噪声,也可考虑增加进气消音板,从而增加消音面积降低进气噪声,满足飞机噪声设计要求。

(7) 如果进气系统的低点在集气腔内,可以在集气腔设置排液口,以排出水或者飞机清洗液等,防止在进气道内的液体积聚到危险状态。排液孔的大小应根据可能进入管道的最大液体流量来设计。

(8) 进气防护网有利于防止外物击伤 APU 本体,但同时不利于满足进气道结冰要求,需要设计特定形状的进气防护网(Z 型或者帽型),但会增加进气系统的复杂度。

(9) 进气道需进行电搭接设计,防止静电积累造成危害。

3.5.3.6　连接设计

(1) 进气系统连接设计时应考虑公差积累,避免 APU 进气系统无法安装至飞机上。

(2) 进气系统火区内的连接必须满足防火密封要求。

(3) 进气系统上如有维护口盖,设计连接件时需考虑通用性要求。

(4) 对于进气系统连接设计还需考虑气密性,一般在进气管道对接处增加气密衬垫。

(5) 进气系统复合材料和金属对接处需考虑电化学腐蚀情况,并增加防腐蚀设计。

3.5.3.7　安全性、可靠性和维修性

(1) 进气系统安全性设计主要包括安全性指标分配、系统功能危害分析、故障模式影响分析、故障树分析、区域安全性分析、特定风险分析、共模分析、系统安全性评估和候选审定维修等内容,保证其满足飞机要求。

(2) 进气系统可靠性设计主要包括可靠性指标分配、环境应力筛选、可靠性预计和可靠性确认计划等内容,保证其满足飞机要求。

(3) 进气系统维修性设计主要包括维修性指标分配、维修性分析、直接维修成本计算、维修任务分析和维修性验证等内容,保证其满足飞机要求。

(4) 进气系统设计应该易于检修、更换和进行相关试验,同时维修时尽可能不使用专用工具或不移动飞机上其他零部件,方便工作人员操作。

3.5.4　验证过程

APU 控制电气的设计需求主要源自 APU 控制功能的实现、适航和维护等方面。APU 控制电气的主要功能需求包括:驾驶舱控制面板应能实现 APU 的上电、

起动、发电、引气、正常停车和紧急停车等控制功能；当 APU 发生危险的故障，APU
应能自动停车；控制板应告知机组 APU 的工作状态；驾驶舱显示 APU EICAS 信
息；CMS 系统应设置 APU 故障信息；在防火系统控制面板上应设置 APU 舱着火指
示和灭火操纵开关，灭火操纵开关应和燃油切断阀联动；紧急停车开关应与 APU 供
油切断阀联动。

APU 控制电气适航方面的需求包括附录 APU1141(a)、附录 APU1141 a(1)—
a(5)和 CCAR25.1357 等，具体见 6.4.1 节。

3.5.4.1　适航条款

APU 进气系统适航条款具体内容如表 3-3 所示。

表 3-3　适　航　条　款

序号	条　款	内　容
1	25.1309(a)	系统、设备及安装 凡航空器适航标准对其功能有要求的设备、系统及安装，其设计必须保证： (a) 在各种可预期的运行条件下能完成预定功能。
2	APU25.1091(a)	进气 在申请合格审定的每种运行条件下，必须能够供给辅助动力装置所需的空气量。
3	APU25.1091(b)	进气 (b) 除非进气系统通过防火墙和 APU 附件与动力部分隔离，否则 APU 的进气不得来自 APU 舱或其他舱内。
4	APU25.1091(c)	进气 (c) 必须有措施防止由可燃液体系统的放液嘴、通气口或其他部件漏出或溢出的危险量燃油进入辅助动力装置进气系统。
5	APU25.1091(d)	进气 (d) 飞机必须设计成能防止跑道、滑行道或机场其他工作场地上危险量的水或雪水直接进入辅助动力装置的进气道。
6	APU25.1091(e)	进气 (e) 进气道的位置或防护必须使其在起飞、着陆和滑行过程中吸入外来物的程度减至最小。
7	APU25.1093(a)	进气系统的防冰 (a) 对于不符合本节(b)的非基本 APU 进气系统，包括进气网(如有)，其使用在非结冰状态下将会受限，除非能够证明如果遭受结冰状态，APU 连同进气系统将不会影响飞机的操作安全。
8	APU25.1093(b)(1)	进气系统的防冰 (b) 基本 APU 进气系统部件，包括进气网(如有)，必须确保 APU 在下列取证要求的条件下工作，不会产生对 APU 运转不利或严重的功率损失： (1) 附录 C 规定的结冰条件。

序号	条　　款	内　　容
9	APU25.1093(b)(2)	进气系统的防冰 （b）基本 APU 进气系统部件，包括进气网（如有），必须确保 APU 在下列取证要求的条件下工作，不会产生对 APU 运转不利或严重的功率损失： （2）为飞机作该类营运所制定的使用限制内的降雪和扬雪情况。
10	APU25.1103(a)(1)	进气系统管道 （a）（1）进气系统管道必须有防止在地面姿态时燃油和水汽积聚到危险程度的放液嘴。放液嘴不得在可能引起着火危险的部位放液。
11	APU25.1103(a)(2)	进气系统管道 （a）（2）进气系统管道必须用不会吸收或积存危险量可燃液体的材料来制造，这些可燃液体可能引起着火危险。
12	APU25.1103(b)(1)	进气系统管道 （b）（1）每个导管必须是设计成能防止进气系统由于回流，APU 喘振，或进气门关闭情况而损坏。
13	APU25.1103(b)(2)	进气系统管道 （b）（2）在 APU 舱内的进气系统管道必须是防火的，必须在 APU 舱上游有足够长的一段距离，以防止热燃气回流烧穿辅助动力装置管道并进入飞机的任何其他隔舱或区域（热燃气进入这些地方会造成危害）。用于制造进气系统管道其他部分和辅助动力装置进气增压室的材料，必须能经受住很可能出现的最热状态。
14	APU25.1103(c)	进气系统管道 （c）连接在可能有相对运动的部件之间的每根进气管道，必须采用柔性连接。

3.5.4.2　系统试验试飞

1）进气道部件防火密封试验

验证条款：APU25.1103(b)(2)。

试验方法：根据 AC20‑135 中的要求对试验件进行防火试验，并记录试验数据。

判据：试验件未烧穿，非受火侧无火焰点燃。

2）辅助动力装置进气系统试飞

验证条款：25.1309(a)、APU25.901(d)、APU25.1091(a)和 APU25.1103(b)(1)。

试验方法：在空中，飞机稳定平飞，起动 APU；飞机进行侧滑、负过载、收敛转弯和带迎角飞行等机动飞行时，检查 APU 的工作情况；APU 停车。

判据：APU 进气系统能够满足 APU 工作要求，APU 工作正常。

3）辅助动力装置自然结冰条件下功能检查试飞

验证条款：25.1309(a)、APU25.901(d)和APU25.1093(b)。

试验方法：在符合附录C要求的结冰天气条件下，APU进行如下试验：

(1) 地面正常起动APU，飞机正常起飞。

(2) 飞机在结冰区域飞行时，APU运转，检查APU工作是否正常。

(3) 飞机着陆后，正常关闭APU。

判据：APU进气系统能够满足APU工作要求，APU工作正常。

4) 辅助动力装置溅水试验

验证条款：25.1309(a)、APU25.901(d)和APU25.1091(d)。

试验方法：根据条款要求，需要验证飞机在起飞滑跑和着陆构型下，机场跑道存积水的情况下，APU能正常工作。针对这一验证要求，在起飞和着陆构型下，飞机选取了多个速度滑入水槽。APU溅水试验方法如下：

(1) 起动APU。

(2) 调整襟翼，具体卡位如表3-3所示。

(3) 关闭APU引气。

(4) 飞机正对试验水池中线进入水池。

判据：APU工作正常。

3.5.5　关键技术

3.5.5.1　适航要求融入设计过程

适航条款对进气系统提出了很多要求。在设计阶段贯彻条款要求，有助于进气系统顺利通过验证。

在设计过程中，考虑了如下适航要求：

(1) 能供给APU需求的供气量。支线飞机APU进气系统选取冲压设计，通过风门滞止作用，增大来流静压，提高进气流量。

(2) 进气不来自其他舱。支线飞机APU进气口连通外界，进气道全密封(见图3-25)，不会有其他舱的气体泄入进气道。

(3) 防外物及防溅水。上进气布置有效避免了跑道杂物和积水的摄入。风门的包围式设计进一步减小了外物和积水进入APU的机率。风门根部的进气网(见图3-26)可以阻止已经进入风门的杂物进一步进入进气道。

(4) 防结冰堵塞。合理设计进气网开孔率(见图3-27)，防止结冰阻塞网孔，导致流量不够，引起APU喘振。

(5) 柔性连接。为了补偿进气消音器与进气道组件Ⅱ的安装误差和微小的相对运动，在这两部件之间设有P型密封圈，如图3-28所示。该连接属于柔性连接。

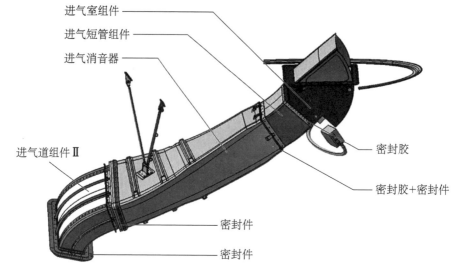

进气室组件
进气短管组件
进气消音器
进气道组件Ⅱ
密封胶
密封胶+密封件
密封件
密封件

图 3 - 25　进 气 道 密 封

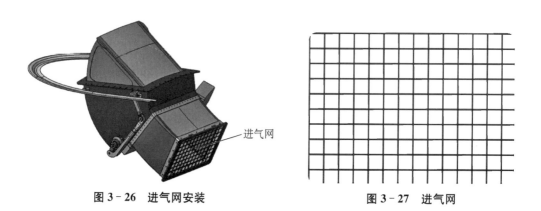

进气网

图 3 - 26　进气网安装

图 3 - 27　进 气 网

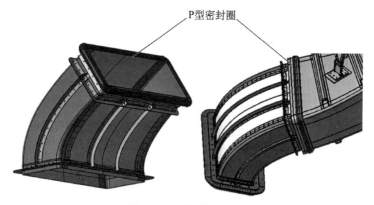

P型密封圈

图 3 - 28　柔 性 连 接

（6）防火。在设计中,进气消音器选用防火产品,进气道采用钛合金,P 型密封保证自身防火及足够的压缩量。保证系统满足防火要求。

（7）降噪。上进气方案可使进气噪声向空中传播,有效地避免进气噪声在停机坪反射,减小停机坪噪声。

3.5.5.2　进气性能分析技术

通过 CFD 手段,以 APU 进气系统方案为模型,截取机外当地速度截面为边界条件,对进气系统进行稳态流场分析。通过进气总压损失、冲压恢复和进气流量等分析结果表明,进气系统满足 APU 的用气需求,如图 3 - 29 所示。

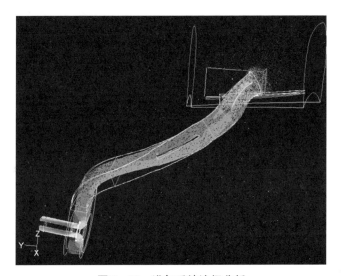

图 3 - 29　进气系统流场分析

3.5.5.3　进气封严防火验证技术

1）进气封严防火试验背景介绍

（1）进气道方案概述。

支线飞机 APU 进气道由风门、进气道组件Ⅰ、进气消音器和进气道组件Ⅱ组成,如图 3 - 30 所示。进气道组件Ⅱ用 AC20 - 135 规定的防火材料按传统的工艺铆接而成,满足防火要求。在进气道和消音器之间采用 P 型圈密封,如图 3 - 31 所示。

（2）验证条款。

为验证 APU 系统进气道密封设计特征的防火性是否符合条款 APU25.1103 (b)(2)的要求,需要进行进气密封防火试验。

条款 APU25.1103(b)(2)要求:在 APU 舱内的进气系统管道必须是防火的,必须在 APU 舱上游有足够长的一段距离,以防止热燃气回流烧穿辅助动力装置管道并进入飞机的任何其他隔舱或区域(热燃气进入这些地方会造成危害)。用于制造进气系统管道其他部分和辅助动力装置进气增压室的材料,必须能经受住很可能

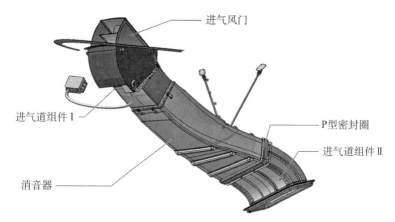

进气风门

进气道组件 I

P型密封圈

进气道组件 II

消音器

图 3‑30　APU 进气道及 P 型圈位置

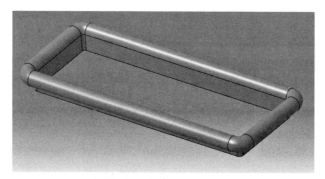

图 3‑31　进气封严 P 型圈

出现的最热状态。

(3) 试验要求和判据。

a. 试验要求：

(a) 试验温度和热通量满足 AC20‑135 要求。

(b) 试验持续时间满足 AC20‑135 要求。

(c) 燃烧器、热量计、热电偶的型号、量程和精度满足 AC20‑135 要求。

(d) 对于平板构型试验件,火焰覆盖试验件面积满足 AC20‑135 要求。

(e) 以视频和照片的形式记录试验情况。

(f) 试验设备和方法必须符合中国民用航空总局适航部门认可的标准。

b. 试验判据：试验件未被烧穿,非受火侧(非火区)无点燃现象。

2) 进气封严防火试验历程概述

APU 进气封严系统防火试验按照 AC20‑135 要求进行。

试验中,试验件非受火侧飘出白烟并变色。试验开始至结束,试验件非受火侧无火焰。随着时间的推移,在试验件的非受火侧先后出现了白烟、变色和分层现象,但没有火焰出现。由此可判断,试验构型没有被火焰穿过,非受火侧也没有自燃,满足防火要求。

3) 进气封严防火试验方法

(1) 试验件。

试验件如图 3-32 所示。该试验件模拟的是进气消音器和进气管 II 的接口(见图 3-33)。

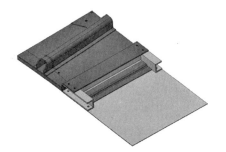

图 3-32 试验件

图 3-33 进气管 II 接口

(2) 试验设备。

本试验的主要设备是油燃烧器试验仪,如图 3-34 所示。

图 3-34 油燃烧器试验仪

3.5.6 关注点

APU 进气系统涉及 APU 本体和 APU 舱通风冷却等子系统,直接影响 APU 本体性能、通风冷却和噪声等方面,设计综合性要求高。因此,APU 进气系统设计已成为 APU 系统设计至关重要的一方面。在设计过程中需要重点考虑以下两个方面:

(1) 明确适航要求,将适航要求融入设计方案。

(2) 借助 CFD 等手段,增强计算分析,优化设计方案。以 APU 进气系统方案为模型，截取机外当地速度截面为边界条件，对进气系统进行了地面和空中多种工况的稳态流场分析，验证进气性能。

3.6　辅助动力装置排气与通风冷却系统

3.6.1　需求来源

APU排气系统的设计的目的和功能是将辅助动力装置（APU）的热排气和APU舱内冷却气流安全地从APU舱排放至飞机机身外，而不对在其临近的部件，包括地面设备和人员造成危险或危害。并且应采取消音措施尽可能地降低排气系统噪声。

通风冷却系统的主要功能是为APU舱提供冷却气流，保证APU滑油温度、舱内温度、附件和结构在允许的限制温度之内，将可能的可燃性气体或蒸气从APU舱内排出，防止危险量的可燃气体或蒸气在APU舱中积聚。

3.6.2　设计特点

APU排气和通风冷却系统采用引射器设计，在将APU产生的废气排出机外的同时，利用排气动能将APU舱内的空气引射到舱外，带动APU舱内空气流动。

3.6.3　系统描述

3.6.3.1　APU排气系统

排气系统位于尾锥末端，主要由排气引射器和排气消音器组成，且消音器上部有拉杆与结构相连，如图3-35和图3-36所示。排气系统的主要功能是：①将高温燃气安全地排到机外；②为通风冷却系统提供引射驱动；③降低排气噪声。

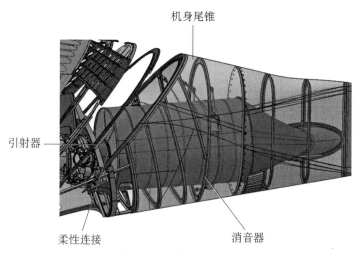

图 3-35　排气系统组成

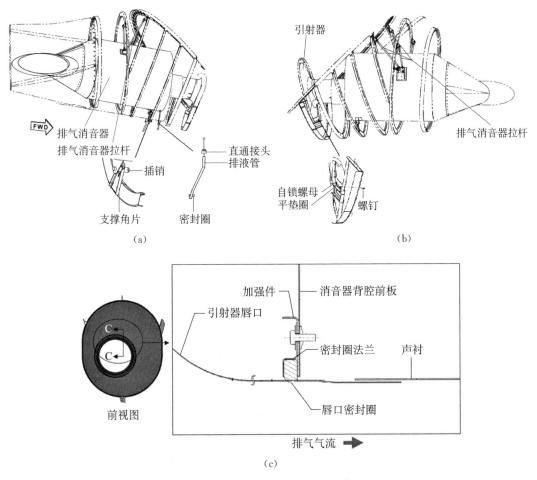

图 3 - 36　排气系统布置及安装

引射器需承受高温,为不锈钢焊接件。在引射器组件直管段附有隔热层以使引射器组件表面温度低于燃点温度(见图 3 - 37)。消音器安装时,引射器组件之间插入排气消音器内部。在排气消音器前端唇口有密封圈,以保证引射器与消音器间的柔性连接。

排气消音器采用传统式消音器形式,即在排气管上包有一圆桶作为消音背腔。消音器由排气管(声衬)、消音器背腔、隔板和隔热层等组成。在消音腔隔热层上有安装支架用拉杆与尾锥结构连接,在消音器底部有一插销插入支撑角片起定位作用(见图 3 - 36)。在隔热层前端的下方安装有排液管,以排出可能从消音器尾端进入的液体(见图 3 - 36)。

3.6.3.2　APU 通风冷却系统

APU 系统通风冷却系统采用冲压进气罩从机外摄取冷却空气,通过冷却进气

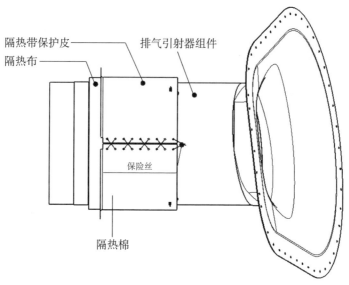

图 3‑37　引射器组件隔热措施

管道引入 APU 舱。在 APU 舱内,冷却气流通过滑油散热器冷却短管,大部分气流通过滑油散热器,对滑油进行冷却,小股气流通过 ESC 冷却短管引至 ESC,对 ESC进行冷却。经过滑油散热器和 ESC 的空气都排入 APU 舱,继续对舱内附件进行冷却。在 APU 排气出口处,APU 舱防火墙上设计有排气引射器。利用 APU 排气的引射作用,APU 舱内经过热交换的热空气被引射出 APU 舱。APU 通风冷却系统的原理如图 3‑38 所示。APU 通风冷却系统在飞机上的布置如图 3‑39 所示。

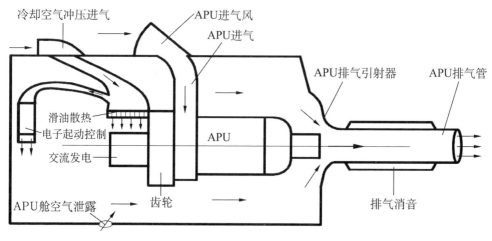

图 3‑38　APU 通风冷却系统原理

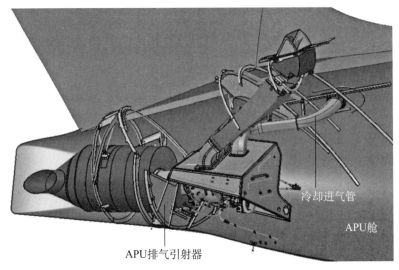

图 3 - 39　APU 通风冷却系统在飞机上的布置

　　在 APU 通风冷却进气口处采用了一种飞机辅助动力装置进气口鼓包构型。该种鼓包构型布置在辅助动力装置通风冷却进气管入口,用于防止雨水由冷却进气管道进入 APU 舱内,同时鼓包收缩构型在空中具有一定的冲压作用,如图 3 - 40 所示。

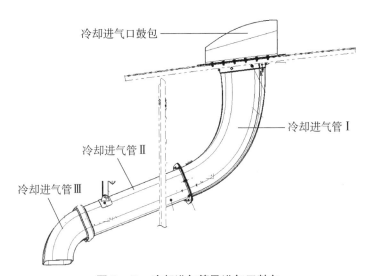

图 3 - 40　冷却进气管及进气口鼓包

　　飞机上的冷却进气开口与 APU 舱防火墙上的冷却进气口间距离较长,因此将冷却进气管分为 3 段,每段采用铝合金焊制管。在冷却进气管Ⅱ与冷却进气管Ⅲ间采用密封圈柔性连接。

3.6.4　验证过程

3.6.4.1　适航条款

APU 通风及排气系统需满足 CCAR25 部以下条款要求：①25.301、25.303、25.305、25.307、25.561 和 25.571(c)关于强度和载荷的要求。②25.581 闪电防护的要求。③25.601、25.603、25.605、25.609、25.611、25.613、25.619、25.621、25.623 和 25.625 相关的结构、材料和可达性等要求。④25.863 和 25.1191(b)(3)防火安全相关要求。通风冷却及排气系统的相关要求的内容如表 3-4 所示。

表 3-4　通风冷却及排气系统主要相关条款

序号	条款	内　容
1	25.863(b)(3)	可燃液体的防火。 (b) 必须用分析或试验方法表明符合本条(a)的要求,同时必须考虑下列因素： (3) 可能的引燃火源,包括电气故障,设备过热和防护装置失效。
2	APU25.1011(a)	滑油系统总则 (a) 每台 APU 必须有独立的滑油系统,在不超过安全连续运转温度值的情况下,能向 APU 供给适量的滑油。
3	APU25.1041	冷却系统总则 在地面、空中临界运行条件和 APU 正常停车后,辅助动力装置的冷却设施,必须能使辅助动力装置部件和所用的液体温度,均保持在对这些部件和液体所制定的温度限制以内。
4	APU25.1043(a)	冷却试验 (a) 总则必须在临界运行条件下进行试验,以表明满足 APU 25.1041的要求,对于这些试验,采用下列规定： (1) 如果在偏离最高外界大气温度的条件下进行试验,则必须按本条(c)修正所记录的温度； (2) 根据本条(a)(1)所确定的修正温度,不超过制定的限制。
5	APU25.1043(b)	冷却试验 (b) 最高外界大气温度必须规定相应于海平面条件的最高外界大气温度,在海平面以上,假设温度递减率为：高度每增加 1 000 米,温度下降 6.5℃(1 000 英尺,温度下降 3.6°F),一直降到 −56.5℃(−69.7°F)为止,在此高度以上认为温度是恒定的 −56.5℃(−69.7°F)。
6	APU25.1043(c)	冷却试验 (c) 修正系数对于规定了温度限制的 APU 所用的液体和 APU 部件温度必须进行修正,修正方法为：此温度加上最高外界大气温度与外界空气温度(冷却试验中所记录的部件或液体最高温度首次出现时的外界空气温度)的差值,如果采用更合理的修正方法则除外。

（续表）

序号	条款	内　容
7	APU25.1045(a)	冷却试验程序 (a) 必须按相应于有关性能要求的临界状态来表明符合 APU25.1041 的规定。进行冷却试验时，飞机的形态和运行条件均必须取每一飞行阶段中对于冷却是临界的情况。对于冷却试验，当温度变化率小于每分钟 1℃(2℉)时，则认为温度已达到"稳定"。
8	APU25.1045(b)	冷却试验程序 (b) 在拟试验的每一飞行阶段前的进入状态下，温度必须达到稳定，除非 APU 部件和其所用的液体温度在进入状态下通常不能达到稳定（对此情况，在拟试验的临界状态阶段前，必须通过整个进入状态下的运转，使得在进入时温度达到其自然水平）。
9	APU25.1045(c)	冷却试验程序 (c) 每一临界状态的冷却试验必须连续进行，直到下列任一种状态为止： (1) 部件和 APU 所用的液体温度达到稳定； (2) 飞行阶段结束； (3) 达到使用限制值。
10	APU25.1121(a)	排气系统总则 (a) 排气系统必须准确安全地排出废气，没有着火危险，在任何载人舱内也没有一氧化碳污染。为了进行测试，可使用任何可接受的一氧化碳检测方法，来表明不存在一氧化碳。
11	APU25.1121(b)	排气系统总则 (b) 表面温度足以点燃可燃液体或蒸气的每个排气系统零件，其安置或屏蔽必须使得任何输送可燃液体或蒸气系统的泄漏，不会由于液体或蒸气接触到排气系统（包括排气系统的屏蔽件）的任何零件引起着火。
12	APU25.1121(c)	排气系统总则 (c) 凡可能受到热废气冲击或受到排气系统零件高温影响的每个部件，均必须是防火的。必须用防火的屏蔽件将所有排气系统部件与邻近的飞机部分（位于辅助动力装置舱之外的）相隔开。
13	APU25.1121(d)	排气系统总则 (d) 废气排放时不得使任何可燃液体通气口或放油嘴有着火危险。
14	APU25.1121(f)	排气系统总则 (f) 所有排气系统部件均必须通风，以防某些部位温度过高。
15	APU25.1121(g)	排气系统总则 (g) 各排气管罩必须通风或绝热，以免在正常运行中温度高到足以点燃排气管罩外的任何可燃液体或蒸气。

（续表）

序号	条款	内　　容
16	APU25.1123(a)	排气管 (a) 排气管必须是耐热和耐腐蚀的,并且必须有措施防止由于工作温度引起的膨胀而损坏。
17	APU25.1123(b)	排气管 (b) 排气管的支承,必须能承受运行中会遇到的任何振动和惯性载荷。
18	APU25.1123(c)	排气管 (c) 连接在可能有相对运动的部件之间的排气管,必须采用柔性连接。
19	APU25.1187(b)	火区的排液和通风 (b) 每一指定的火区必须通风,以防可燃蒸气聚积。
20	APU25.1187(e)	火区的排液和通风 (e) 必须有措施使机组能切断通向任何火区的强迫风源,如果灭火剂剂量和喷射率是以通过该火区的最大空气流量为依据的则除外。
21	APU25.1193(b)	APU 舱 (b) 每一舱必须满足 APU25.1187 的排放和通风要求。
22	APU25.1191(b) (3)	防火墙 (b) 防火墙和防火罩应满足下列要求: (3) 其构造必须使每一开孔都用紧配合的防火套圈、衬套或防火墙接头进行封严。
23	APU25.1193(d)	APU 舱 (d) 由于靠近排气系统零件或受排气冲击而经受高温的 APU 舱的各部分必须是防火的。
24	APU25.1193(e) (1)	APU 舱 (e) 每架飞机必须符合下列规定: (1) 其设计和构造应使在任何 APU 火区内出现的着火不能通过开口或烧穿外蒙皮而进入其他任何火区或会增加危险的区域。

3.6.4.2　系统试验试飞

1) 辅助动力装置排气与引气污染试验

验证条款：25.1309(a)、APU25.901(d) 和 APU25.1121(a)。

试验方法包括机上地面试验和试飞试验。

机上地面试验：

（1）在侧风和顺风条件下,飞机地面停放,发动机在慢车状态下,关闭双发引气,关闭 APU 引气,测量驾驶舱和客舱 CO 气体浓度。

（2）在侧风和顺风条件下,飞机地面停放,发动机在慢车状态下,关闭双发引气,打开 APU 引气,测量驾驶舱和客舱 CO 气体浓度。

试飞验证方法如下:

(1) 在侧风、顺风的起飞/着陆条件下,关闭双发引气,关闭 APU 引气,测量驾驶舱和客舱 CO 气体浓度。

(2) 在侧风、顺风的起飞/着陆条件下,关闭双发引气,打开 APU 引气,测量驾驶舱和客舱 CO 气体浓度。

2) 辅助动力装置通风冷却试验

验证条款:APU25.1041、APU25.1043(a)、APU25.1043(b)、APU25.1043(c)、APU25.1045(a)、APU25.1045(b)和 APU25.1045(c)。

验证方法:

APU 起动后打开引气和电负载,监控 APU 舱温度、APU 附件和 APU 滑油温度变化直至稳定。

采用正常程序起动发动机,监控 APU 舱温度、APU 附件和 APU 滑油温度变化。

采用正常程序关闭 APU,停车后继续监控 APU 舱温度、APU 附件和 APU 滑油温度变化直到稳定。

3.6.5 关键技术

3.6.5.1 排气系统

1) 排气系统位移补偿设计

由于排气系统的温度变化较大,排气系统部件的热膨胀变形较大。若排气系统直接连接 APU,排气系统设计也应考虑振动位移补偿设计。

在支线飞机排气系统设计中,排气引射器采用开式引射冷却方式,未直接与APU 连接。APU 振动不会直接传递到排气系统。排气系统的热膨胀变形通过引射器与排气消音器活性连接补偿。

2) 排气消音设计

根据 APU 裸机噪声、排气口布置、飞机机体外形及停机坪噪声要求得到排气消音器的插入损失。按消音器插入损失设计排气消音器。

3) 排气消音器热分析及隔热层设计

排气消音器处于后设备舱,排气消音器表面温度因低于可燃液体燃点温度,使其不构成名义点火源,以满足 APU25.1121(f)(g)和 25.863(a)(b)(3)的要求。

排气消音器表面设计有隔热层,隔热层设计由热分析决定。

排气消音器热分析亦是排气消音器强度分析的输入条件。

3.6.5.2 通风冷却系统

1) 舱通风量计算

为避免 APU 舱内可燃蒸气的积聚,APU 舱内最小通风量应大于 APU 舱每分钟体积换气量的 5 倍(APU1187(b))。同时,APU 舱内灭火剂量的设计是以 APU 舱内最大通风量设计(APU1187(e)),应提供准确的最大通风量数据。

在 APU 舱通风冷却流量计算引射器混合段中的气流掺混采用动量平衡方程列出恒等式,同时考虑以下因素:

(1) 冷却进气管道内的压力损失(通过管道后的压降)。

(2) 冷却气流通过 APU 舱后的压力损失和总温升高。

(3) 冷却气流通过滑油散热器的压力损失和总温升高。

(4) 混合气流通过排气管的压力损失。

(5) APU 舱的气流泄漏。

2) 滑油温度计算

APU 舱通风冷却系统的滑油温度计算方法如下:在支线飞机中滑油温度采用了气冷式滑油散热器进行冷却。在通风冷却试验中,滑油温度外推至支线飞机温度包线时采用了 APU25.1043(c) 1+1 度的方式,其合理性仍需验证。滑油温度的计算应考虑以下方面。

(1) 冷却气流流量。

(2) 滑油散热器的散热效率。

(3) APU 发热量。

(4) 最小滑油量。

3) 通风冷却流场分析

APU 舱通风冷却流场三维分析可用于①判断 APU 舱内流场状态,确定 APU 舱内气流路径是否均匀,以避免舱内出现气流死区(舱内气流死区会造成舱内局部温度过高及舱内灭火剂扩散困难);②APU 舱内灭火温度探测器的布置及报警温度设定依据。

APU 舱通风冷却流场计算的流量以一维气流流量计算结果为输入。

3.6.5.3 火区内液体排放验证

为满足可燃液体的防火需求,除了设计通风冷却系统来防止可燃气体或蒸气积聚外,还需要另外设计排液系统用来排出系统故障情况下积聚的可燃液体。

飞机 APU 系统的排液包括 APU 本体排液、APU 舱排液和 APU 排气消音器排液。APU 本体排液主要用于排出 APU 中未完全燃烧的燃油极有可能进入的液体。APU 排液通过一段分别连接在 APU 燃烧室机匣下面和进气机匣下面的两个排液管(随 APU 提供)与飞机机身上的排液管连接,将 APU 机匣内的余油或积液排出机外。本体排液管在机身上的位置如图 3-41 所示。APU 舱排液主要用于排出燃油管路及滑油管路连接处可能泄漏的燃油或滑油。APU 舱的排漏装置为了防止 APU 舱内积聚液体,在 APU 舱门每个隔框上开有排液孔使舱内液体串流到 APU 舱门最低处,通过一种新型排液系统克服 APU 舱内负压,将 APU 舱内液体排

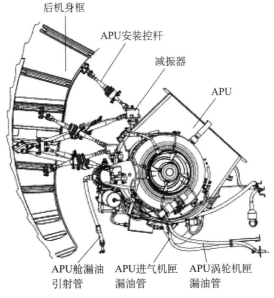

后机身框
APU安装控杆
减振器
APU

APU舱漏油
引射管　　　APU进气机匣
　　　　　　漏油管　　　APU涡轮机匣
　　　　　　　　　　　　漏油管

图 3‑41　APU 及 APU 舱排液系统

出机外。排液系统如图 3‑41 所示。APU 排气消音器排液主要用于排出消音器内可能进入的雨水及未完全燃烧的燃油焦质。排气消音器排液管道安装在消音器前端最低处，并直接连接到飞机机身上，如图 3‑42 所示。

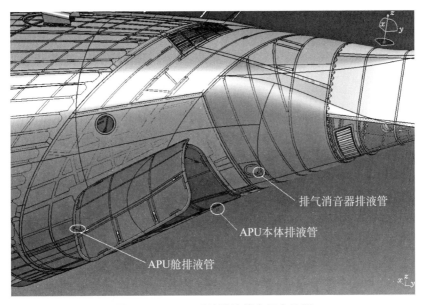

排气消音器排液管

APU本体排液管

APU舱排液管

图 3‑42　APU 系统排液管在机身位置

1) 关键需求及验证

(1) 关键需求。

APU 排液系统的需求主要源自功能需求和适航需求,其中适航需求主要指:

a. APU25.1187(a):指定火区的每个部位必须能完全排放积存的油液,使容有可燃液体的任何组件失效或故障而引起的危险减至最小,排放措施应满足下列要求:

(a) 当需要排放时,在预期液体会存在的各种情况下,必须是有效的;

(b) 必须布置成使放出的液体不会增加着火危险。

b. 25.863(a):凡可燃液体或蒸气可能因液体系统渗漏而逸出的区域,必须有措施尽量减少液体和蒸气点燃的概率以及万一点燃后的危险后果。

c. 25.863b(1)(2):必须用分析或试验方法表明符合本条(a)的要求,同时必须考虑下列因素:液体渗漏的可能漏源和途径以及探测渗漏的方法;液体的可燃特性,包括任何可燃材料或吸液材料的影响;

d. 25.863(d):凡可燃液体或蒸气有可能因液体系统渗漏而逸出的区域,必须确定其部位和范围。

APU 本体排液排出 APU 中未完全燃烧的燃油或轴承中渗漏的滑油。其可燃液体的排液量较少,不会形成持续的可燃液体排液,因此在可燃液体排液中不考虑其条款的符合性,只需保证其功能。APU 排气消音器排液排出可能进入的雨水及未完全燃烧的燃油焦质,亦不能形成持续的可燃液体排液,因此在可燃液体排液中不考虑其条款的符合性,只需保证其功能。

在 APU 舱内布置有燃油管路、滑油管路及其他依靠燃油或滑油驱动的 APU 附件,其中部件失效(如密封圈)会导致燃油或滑油进入 APU 舱内,并形成持续泄漏。因此需考虑 APU 舱排液的适航符合性。

(2) 关键需求验证。

APU 舱排液需求通过地面试验和飞行试验进行验证。辅助动力装置液体排放地面试验表明,在地面状态下 APU 舱内的可燃液体能被安全地排出而无积存,并且排出时不会产生其他危险。APU 系统液体排放试飞结果表明,APU 舱内染色水均从 APU 舱排液管排出,且 APU 舱内没有明显的积存液体。染色水没有进入客舱、货舱、后设备舱、起落架舱、APU 进气段及 APU 排气段及其他可能引起危险的区域。

2) 关键技术

1) 辅助动力装置排液系统设计

APU 舱排液系统设计包括两部分:①保证 APU 舱内液体及时排出的设计;②使APU舱排出液体不进入危险区域的设计。

ARJ21 飞机辅助动力装置舱存在负压,不利于液体排放。为增强排液效果,ARJ21 飞机辅助动力排液系统特殊系统用于克服舱内负压,从而使液体迅速排出。

根据 AC25.863 及支线飞机本身特性,定义了排液不能进入的危险区域,如客舱、货舱、后设备舱、起落架舱、APU 进气段和 APU 排气段等和其他可能引起危险的区域。APU 舱排液管设计了排液翼型整流罩,整流罩虽然无法避免液体附着到机身上,但是可以减少附着区域,从而避免进入危险区域。

2)辅助动力装置排液试飞验证技术

为验证 ARJ21 辅助动力装置排液系统设计对相关适航规章的符合性,ARJ21辅助动力装置排液系统在国内首次严格按照 CCAR25 部要求进行了辅助动力装置排液试飞验证。辅助动力装置排液试飞期间,在深入研究相关条款、AC 及大量调研的基础上,确定了适用于 ARJ21 飞机辅助动力装置排液系统试飞的模拟液体喷射位置及喷射量、试飞方法和符合性判据等,并总结摸索出了民用飞机辅助动力装置排液系统泄漏源分析、试飞方法和符合性判据确定等一系列试飞验证技术。

3.6.6 关注点

辅助动力装置系统通风冷却设计与验证的体系和方法,主要关注如下几点:

(1)辅助动力装置通风量要求和限制温度设计指标。

(2)辅助动力装置采用舱开式引射冷却温度场计算方法、辅助动力装置开式引射冷却通风量计算分析方法。

(3)辅助动力装置冷却进气口鼓包设计。

(4)通风冷却试验的试验条件、测试要求和测试改装要求。

(5)试验步骤、方法和技术要点。

(6)通风量误差分析、模型校正、通风量验证方法、冷却试验结果校正和指标验证方法。

参考文献

[1] FAA. Part‐25 Airworthiness Standards: Transport Category Airplanes [S]. FAA,1998:119‐122.

[2] FAA. AC20‐135 Powerplant Installation and Propulsion System Component Fire Protection Test Method, Standards and Criteria [S]. FAA

[3] John J. Kreuder, Allan T. Kirkpatrick and Xinfen Gao, Computation of Heat Transfer from an Impinging Flame Jet to a Plane Surface [C]. 51st AIAA Aerospace Sciences Meeting including the New Horizons Forum and Aerospace Exposition 07 ‐ 10 January 2013, Grapevine (Dallas/Ft. Worth Region), Texas.

[4] 卢小平,何爱玲,郭丹丹. 射流冲击换热强化的场协同及热力学耦合[J]. 兰州理工大学学报,2015,41(5):59‐61.

[5] 陈庆光,徐忠,张永建. 湍流冲击射流流动与传热的数值研究进展[J]. 力学进展,2002,32(1):92‐95.

4 燃油系统

4.1 概述

燃油系统是飞机最关键的系统之一,对飞行安全至关重要。飞机燃油系统通常分为存储系统、分配系统和测量与管理系统三个子系统。存储系统的主要功能是实现燃油存储空间的有效利用和合理分割,以及燃油箱无油空间的通气。分配系统的功能包括加油、供油、放油以及应急放油系统。测量与管理系统的功能是实现燃油量测量与指示、加油控制及泵阀控制等。

燃油系统基本功能包括:

(1) 储存飞机所用燃油。

(2) 确保飞机在每种可能出现的运行情况下,包括型号合格审定的飞行中允许发动机和辅助动力装置(APU)工作的任何机动飞行,都能向发动机和 APU 提供正常工作所需的燃油。

(3) 纠正左右油箱的燃油不平衡。

(4) 为液压系统实施散热。

燃油系统由燃油贮存、分配、指示三个分系统组成,各分系统又细分为数个子系统如图 4-1 所示。

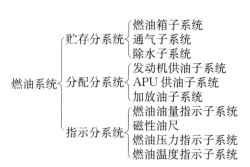

图 4-1　燃油系统组成

4.2 燃油贮存系统

4.2.1 需求来源

飞机燃油箱用于存储燃油,供发动机和 APU 使用。根据适航条款要求,每个燃油箱需设有沉淀槽,并能通过放沉淀阀排出积聚在燃油箱底部的水分;此外,每个燃油箱均需从膨胀空间的顶部通气,保证在任何飞行状态下,燃油箱结构在可承受的压力范围内。

4.2.2 适航要求

燃油贮存系统相关的适航条款主要有 25.969、25.971、25.979 和 25.1301 等,如表 4-1 所示。

表 4-1　燃油贮存相关适航条款

序号	条款	标题	内　　容
1	25.969	燃油箱的膨胀空间	每个燃油箱都必须具有不小于 2% 油箱容积的膨胀空间,必须使飞机处于正常地面姿态时,不可能由于疏忽而使所加燃油占用膨胀空间。对于压力加油系统,表明满足本条要求时,可以利用符合第 25.979(b)条的装置。
2	25.971	燃油箱沉淀槽	(a) 每个燃油箱均必须有沉淀槽,其有效容积在正常地面姿态时不小于油箱容积的 0.10% 或 0.24 升(1/16 美加仑)(两者中取大值),除非所制定的使用限制保证在服役中积水不会超过沉淀槽的容积。 (b) 在飞机处于地面姿态时,每个燃油箱必须使任何危险量的水从该油箱任何部分均能排入其沉淀槽。 (c) 每个燃油箱沉淀槽均必须具有符合下列要求的可接近的放液嘴: (1) 在地面上可以完全放出沉淀槽内的液体; (2) 排放液能避开飞机各个部分; (3) 具有手动或自动的机构,能确实地锁定在关闭位置。
3	25.975	燃油箱的通气和汽化器蒸气的排放	(a) 设计审查表明油箱膨胀空间是通气的,油箱的正常通气功能通过飞行试验评估。 (a)(1)通过设计审查和飞行试验表明,位于机翼下翼面的 NACA 通气口在飞行中不易于结冰和堵塞。 (a)(2)(3)设计审查、地面试验和飞行试验表明,通气系统正常工作中能防止虹吸,防止压力加油、快速爬升、快速下降使得油箱超压。 (a)(4)通过设计审查表明油箱之间没有通连。 (a)(5)通过设计审查和机上检查表明通气管排漏浮子阀使得通气管路中不会聚集液体。 (a)(6)设计审查表明由于通气口位于相对翼尖部位,没有进入载人舱和发生着火的危险。

（续表）

序号	条款	标题	内　　容
4	25.999(b)(1)	燃油系统放液嘴	（a）必须利用燃油滤网和油箱沉淀槽放液嘴完成燃油系统的放液。 （b）本条(a)要求的每个放液嘴必须满足下列要求： （1）使排放液避开飞机各个部分。
5	25.1301(d)	功能和安装	所安装的每项设备必须符合下列要求： （d）在安装后功能正常。

4.2.3　系统描述

贮存系统由燃油箱、燃油箱通气系统和连续除水系统组成。

ARJ21－700飞机燃油箱为机翼结构组成的整体油箱。共有两个油箱，即左机翼油箱和右机翼油箱。每个油箱由机翼前梁、后梁、上下蒙皮、0号和17号翼肋组成。17号肋到19号肋之间为通气油箱，ARJ21－700飞机燃油箱布局如图4－2所示。

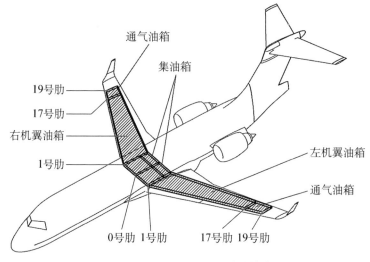

图4－2　ARJ21－700飞机燃油箱布局

燃油箱的最大载油量约10 t，燃油箱膨胀空间不小于2%。

在中央翼盒段内，左、右机翼油箱分别设计一个集油箱，只允许燃油向集油箱一侧流动，保证在飞机机动飞行时，在油泵进油口维持一定的油面高度，确保向发动机和APU供油。同时在左、右集油箱内各布置有一台液压系统换热器，为液压系统提供散热。

在外翼油箱的下表面、每个翼肋间和中央翼油箱下表面分别设有检修口盖，以便进入油箱进行维修或更换部件。

在左、右机翼油箱1号、9号和17号翼肋,中央翼后展向梁底部分别设有片状单向阀,并在1号肋上布有挡板式单向阀,保证燃油向油箱内侧和集油箱流动,而不向外串油,并防止油箱出现过大的油液冲击载荷。

在中央翼、外翼油箱和通气箱的低洼点处分别设有放沉淀阀,可排放油箱内的余油和积存在油箱内的水分。

燃油箱通气系统是保证飞机在地面和各种飞行状态下(包括压力加油切断装置失效时),将油箱压力维持在规定的范围内,并且防止燃油的虹吸和溢出。燃油箱通气系统由通气防溢油箱、潜伏式冲压通气口、通气浮子阀、回油单向阀、火焰抑制器、旁通阀以及通气管路所组成。

通气防溢油箱设在每个机翼油箱外侧17号和19号翼肋间。通气防溢油箱通过潜伏式通气口与外界大气相通。根据闪电防护要求,潜伏式通气口布置在机翼下表面。为了防止燃油箱通气出口遭遇直接雷击而引起燃油箱着火燃爆,在通气管路上安装有火焰抑制器。同时,每个火焰抑制器还配有旁通阀,旁通阀在火焰抑制器堵塞情况下打开,保证油箱不会超压。通气防溢油箱设有回油单向阀,以使由于飞机飞行姿态变化而进入通气防溢油箱内的燃油返回机翼油箱。此外,每个通气防溢油箱还安装一个放沉淀阀。

每个机翼油箱都有两个通气入口与通气防溢油箱相连。一个通气入口在机翼油箱内侧,另一个通气入口在机翼油箱外侧。两个通气入口对角设置,可确保飞机在任何飞行姿态下,各燃油箱至少有一个通气入口是畅通的。在油箱外侧的通气入口安装有通气浮子阀。该阀在飞机爬升时防止燃油流入防溢油箱和机外。除了油箱外侧通气系统入口设有通气浮子阀阻挡燃油外,外侧通气管的通气出口设置在通气防溢油箱的顶部,可防止燃油虹吸和溢出。潜伏式冲压通气口具有冲压效率高、飞行阻力小和不易结冰等优点。

连续除水系统用以将油箱低洼处的燃油和水排走,防止由于水分聚集而引起的腐蚀和结冰,并减少油箱不可用油量。连续除水系统由引射泵及其动力流和引射流管路组成。

利用机翼上反及结构开孔等措施使燃油中的沉淀聚集到油箱最低处,而布置在该处引射泵将其引射到交流供油泵附近,并与集油箱中的燃油混合,使带有水分的燃油被送往动力装置消耗掉。引射泵的动力流由交流供油泵提供。当交流供油泵工作时引射泵连续不断地运行。当供油箱外燃油耗尽后,引射泵可以继续抽出其中残油,以减少飞机的不可用燃油量。

4.2.4　验证过程

4.2.4.1　计算分析

基于流体分析软件 Flowmaster,对通气系统进行了仿真计算,分析表明在不同飞行剖面下,油箱通气系统的设计符合性能要求。

基于CATIA软件,对地面停机姿态下燃油箱膨胀空间进行分析计算,以表明燃油箱膨胀空间满足适航要求。

4.2.4.2　机上地面试验

贮存系统机上地面试验,主要验证了燃油箱膨胀空间、压力加油切断阀失效时的油箱通气能力、沉淀槽容量以及放沉淀阀位置符合适航要求,为开展飞行试验打下了良好基础。

4.2.4.3　飞行试验

贮存系统飞行试验主要是指油箱通气系统飞行试验,用以验证条款25.975(a)(1)、25.975(a)(2)及25.975(a)(3)(i)(ii),主要验证在不同飞行状态下油箱通气能力,同时验证通气口无燃油泄漏现象,通气口无被污物或结冰堵塞现象。由试验测得的压力数据计算可以得出各种飞行状态下,油箱内气压与外界大气压力内外压差值,继而验证油箱是否有效通气。对于验证通气口无燃油泄漏以及无被污物或结冰堵塞现象,油箱通气系统试验前,在通气口涂上燃油显色剂,并拍照记录,在每次试验后,检查通气口有无燃油泄漏,并拍照记录。

通气系统的飞行试验相关的试验项目包括:①S形滑跑;②地面滑跑;③爬升试验;④急剧下降;⑤不同速度稳定平飞;⑥机动飞行;⑦快速下降拉起。

油箱通气系统飞行试验结果表明飞机在各种状态下,油箱内外压差不超过结构所能承载的压力,飞机油箱通气系统工作正常。

4.2.4.4　部件鉴定试验

燃油贮存系统涉及的主要部件如表4-2所示,部件鉴定试验作为设计验证的最基础部分工作,主要由供应商完成,部分试验审查代表参与目击。部分试验采取相似性分析表明符合性。

表4-2　燃油贮存系统主要部件

序号	部件名称	序号	部件名称
1	放沉淀阀	6	重力加油口盖
2	挡板式单向阀	7	火焰抑制器
3	大挡板式单向阀	8	通气浮子阀
4	接地插座	9	通气管浮子排液阀
5	重力加油口座		

4.2.5　关键技术

按照适航条款要求,判断是否有燃油从通气口泄漏是油箱通气系统试飞的关键考核点之一。通常的做法是,在通气口处涂抹燃油显色剂作为燃油是否泄漏的鉴别介质。但是,在适航条款或相关规章里并未对哪些介质可作为燃油显色剂做出要求或说明,在此之前国内也尚未开展过类似适航验证试验,燃油显色剂成为了制约开展油箱通气系统试飞的技术难题。

通过咨询供应商,从国外购买了用作 JET‐A 燃油显色剂的某介质。但通过实验室试验发现,当 RP‐3 燃油遇到该介质后并没有任何显色效果。期间,技术人员还与国内有关油料研究机构进行联系以获取燃油显色剂或相关技术支持。但得到的答复都是,没有相关产品或未曾开展过燃油显色研究。在无法获得外援的情况下,技术人员查阅了大量文献资料,提出了采用薄层层析硅胶与某种溶液配制而成的浆状物作为 RP‐3 燃油的显色试剂方案。通过实验室及机上试验验证,该方案获得了成功。油箱通气系统局方试飞后,却发现燃油显色剂在飞行中发生了大面积脱落。通过深入分析研究,得出了云中水汽(当天在 3~10 km 高空布满富含水汽的云系)会大大降低燃油显色剂黏性从而导致显色剂发生脱落的结论。后在晴朗天气再次开展了 4 架次油箱通气系统局方审定试飞科目。这也意味着首款 RP‐3 燃油显色剂研制获得了成功。试验前后通气口涂抹的显色剂对比如图 4‐3 所示。

试验前   试验后

图 4‐3   试验前后通气口涂抹显色剂对比

4.2.6   关注点

燃油贮存系统研制的主要有如下几点需要关注。

(1) 冲压式进气口设计须遵循相关 NACA 标准。

(2) 在放沉淀位置试验过程中,左右集油箱中的放沉淀阀需使用专用地面支援设备竖直向上缓慢顶起放沉淀阀十字槽进行放油,确保油液和水分不会飞溅到飞机鼓包维护口盖的舱体内。

(3) 膨胀空间地面试验过程中,连接好带竖管的重力加油口盖,确认竖管密封圈未老化,不会导致泄漏。

(4) 燃油箱膨胀空间地面试验通过竖管加油时,应缓慢进行,确保在通气油箱通气口有燃油溢出前,油不会因为加油速度过快从竖管溢出。

4.3 燃油分配系统

4.3.1 需求来源

燃油分配系统的主要设计需求来源于燃油系统顶层要求,首要设计目标是在每种可能出现的运行情况下,包括型号合格审定的飞行中允许发动机或辅助动力装置工作的任何机动飞行,都能向发动机和辅助动力装置(APU)提供正常工作所需的燃油流量和燃油压力。

4.3.2 适航要求

燃油分配系统包含了燃油系统最重要的功能,即加油和供油,分配系统在飞机上的布置覆盖了飞机大部分区域,包括机翼以及从机翼油箱到发动机和 APU 的机身区域,此外,分配系统涉及的部件占燃油系统一半以上,因此燃油分配系统相关适航条款较多,主要有 25.943、25.961、25.953 和 25.979 等,如表 4-3 所示。

表 4-3 燃油分配系统相关适航条款

序号	条款	标题	内　容
1	25.943	负加速度	当飞机在第 25.333 条规定的飞行包线内作负加速度时,发动机、经批准在飞行中使用的辅助动力装置,或者与动力装置或辅助动力装置有关的任何部件或系统不得出现危险的故障。必须按预计的负加速度最长持续时间表明满足上述要求。
2	25.951	燃油系统总则	(a) 燃油系统的构造和布置,在每种很可能出现的运行情况下,包括申请审定的飞行中允许发动机或辅助动力装置工作的任何机动飞行,必须保证以发动机和辅助动力装置正常工作所需的流量和压力向其供油。 (b) 燃油系统的布置,必须使进入系统的空气不会造成下列情况: (1) 活塞发动机出现 20 秒钟以上的功率中断; (2) 涡轮发动机出现熄火。 (c) 用于涡轮发动机的燃油系统在使用下述状态的燃油时,必须能在其整个流量和压力范围内持续工作:燃油先在 27℃(80°F)时用水饱和,并且每 10 升燃油含有所添加的 2 毫升游离水(每 1 美加仑含 0.75毫升),然后冷却到在运行中很可能遇到的最临界结冰条件。 (d) 对于以涡轮发动机为动力的飞机,每一燃油系统必须满足中国民用航空总局有关涡轮发动机飞机燃油排泄污染的要求。

序号	条款	标题	内　　容
3	25.952	燃油系统分析和试验	（a）必须用分析和适航当局认为必要的试验表明燃油系统在各种可能的运行条件下功能正常。如果需要进行试验，则试验时必须使用飞机燃油系统或能复现燃油系统被试部分工作特性的试验件。 （b）对于以燃油作为工作液的任何热交换器，其很可能发生的失效不得造成危险情况。
4	25.953	燃油系统的独立性	燃油系统必须满足第25.903（b）条的要求，为此可采用下列任何一种方法： （a）系统向每台发动机的供油，能够不涉及该系统向其它发动机供油的任何部分； （b）任何其它可接受的方法。
5	25.955	燃油流量	（a）在每种预定的运行条件和机动飞行中，燃油系统必须至少提供100%所需的燃油流量，必须按如下规定来表明符合性： （1）向发动机供油时，燃油压力必须在发动机型号合格证规定的限制范围以内； （2）油箱内的燃油量不得超过第25.959条制定的该油箱不可用油量与验证本条符合性所需的油量之和； （3）按每种运行条件和姿态验证本条符合性时所需的每一主燃油泵，必须投入使用。此外，还必须验证相应的应急泵代替投入使用的主燃油泵的工作情况； （4）如果装有燃油流量计，必须使其停止工作，燃油必须流经该流量计或其旁路。 （b）如果一台发动机可以由一个以上的油箱供油，则应满足下列要求： （1）对于活塞发动机，向发动机供油的任一油箱内可用燃油耗尽而使该发动机功能明显不正常时，在转由其它还有可用燃油的油箱供油后20秒钟内，燃油系统必须向该发动机供应足够压力的燃油； （2）对于涡轮发动机，燃油系统除了应具备合适的手动转换供油能力外，还必须设计成，在正常运行过程中，当向发动机供油的任一油箱内可用燃油耗尽，但通常只向该发动机供油的其它油箱内还有可用燃油时，能防止该发动机供油中断，而无需飞行机组予以关注。
6	25.957	油箱之间的燃油流动	如果飞行中可将燃油从一个油箱送到另一个油箱，则油箱通气系统和燃油转输系统的设计，必须使油箱结构不致因输油过量而损坏。

序号	条款	标题	内　　容
7	25.961(a)	燃油系统热气候工作	(a) 飞机在热气候条件下运行时,燃油系统必须工作良好。为验证满足此要求,必须表明在预定的所有运行条件下,燃油系统从油箱出口起到每台发动机止的部分,都经增压而能防止形成油气。否则,必须用爬升来验证,即从申请人选定机场高度爬升到按第 25.1527 条制定为使用限制的最大高度。如果选用爬升试验,则按下列条件进行爬升试验时,不得有气塞或其它不正常规象: (2) 对于涡轮发动机飞机,发动机必须以起飞功率(推力)工作,持续时间按验证起飞航迹时所选定的值,其余爬升时间,以最大连续功率(推力)工作; (3) 飞机的重量必须是油箱满油、带有最小机组以及配重(保持重心在允许范围内所需)时的重量; (4) 爬升空速符合下列规定: (ii) 对于涡轮发动机飞机,不得超过从起飞到最大使用高度所规定的最大爬升空速。 (5) 燃油温度必须至少为 43℃(110°F)。
8	25.973	燃油箱加油接头	每个燃油箱加油口接头必须能防止燃油流入油箱外飞机的任何部分。此外,应满足下列要求: (a)［备用］ (b) 每个能明显积存燃油的凹型加油口接头,必须有放液嘴,其排放液应能避开飞机各个部分; (c) 每个加油口盖必须有耐燃油密封件; (d) 除压力加油点外,每一加油点均必须有使飞机与地面加油设备电气搭接的设施。
9	25.977	燃油箱出油口	(a) 燃油箱出油口或增压泵都必须装有符合下列规定的燃油滤网: (1) 对于活塞发动机飞机,该滤网为 8～16 目/英寸; (2) 对于涡轮发动机飞机,该滤网能阻止可能造成限流或损坏燃油系统任何部件的杂物通过。 (b)［备用］ (c) 每个燃油箱出油口滤网的流通面积,必须至少是出油口管路截面积的 5 倍。 (d) 每个滤网的直径,必须至少等于燃油箱出油口直径。 (e) 每个指形滤网必须便于检查和清洗。
10	25.979	压力加油系统	对于压力加油系统,采用下列规定: (a) 每一压力加油系统燃油歧管接头必须有措施,能够在燃油进口阀一旦失效时防止危险量的燃油从系统中溢出; (b) 必须装有自动切断设施,用以防止每个油箱内的

（续表）

序号	条款	标题	内　容
			燃油量超过该油箱经批准的最大载油量。该设施必须满足下列要求： （1）在油箱每次加油前，能够检查切断功能是否正常； （2）在每个加油点处，当油箱达到经批准的最大装油量而切断装置未能切断油流时，应有指示。 （c）必须具有在本条（b）规定的自动切断设施失效后，能防止损坏燃油系统的措施； （d）飞机压力加油系统（不包括燃油箱和燃油箱通气口）必须能承受的极限载荷，为加油时很可能出现的最大压力（包括波动压力）所引起载荷的2倍。必须按各油箱阀有意或无意关闭的任何组合来确定最大波动压力； （e）飞机抽油系统（不包括燃油箱和燃油箱通气口）必须能承受的极限载荷，为飞机加油接头处最大允许抽油压力（正或负）所引起载荷的2倍。
11	25.991	燃油泵	（a）主油泵发动机正常运转所需的或满足本部分燃油系统要求所需的燃油泵即为主燃油泵（本条（b）要求的除外）。每个正排量式主燃油泵必须具有旁路设施，批准作为发动机组成部分的注射泵（不在汽化器内完成注油时，此泵为注油提供适当的流量和压力）除外。 （b）应急泵必须具有应急泵（或通过其它主油泵），在任一主油泵（批准作为发动机组成部分的燃油注射泵除外）失效后，能立即向相应发动机供油。
12	25.993	燃油系统导管和接头	（a）每根燃油导管的安装的支承，必须能防止过度的振动，并能承受燃油压力及加速度飞行所引起的载荷。 （b）连接在可能有相对运动的飞机部件之间的每根燃油导管，必须用柔性连接。 （c）燃油管路中可能承受压力和轴向载荷的每一柔性连接，必须使用软管组件。 （d）软管必须经过批准，或必须表明适合于其特定用途。 （e）暴露在高温下可能受到不利影响的软管，不得用于在运行中或发动机停车后温度过高的部位。 （f）机身内每根燃油导管的设计和安装，必须允许有合理程度的变形和拉伸而不漏油。
13	25.994	燃油系统部件的防护	必须对发动机短舱内或机身内的燃油系统部件进行保护，以防止在有铺面的跑道上机轮收起着陆时，发生燃油喷溅足以造成起火的损坏。

（续表）

序号	条款	标题	内　　容
14	25.995	燃油阀	除了满足第25.1189条对切断措施的要求外，每个燃油阀还必须符合下列规定： （a）〔备用〕 （b）阀门的支承应使阀门工作或加速度飞行所造成的载荷不会传给与阀门相连的导管。
15	25.997	燃油滤网或燃油滤	燃油箱出油口与燃油计量装置入口，或与发动机传动的正排量泵入口（两种入口中取距油箱出口较近者）之间，必须设置满足下列要求的燃油滤网或燃油滤： （a）便于放液和清洗，且必须有易于拆卸的网件或滤芯； （b）具有沉淀槽和放液嘴。如果滤网或油滤易于拆卸进行放液，则不需设置放液嘴； （c）安装成不由相连导管或滤网（或油滤）本身的入口（或出口）接头来承受其重量，除非导管或接头在所有载荷情况下均具有足够的强度余量； （d）具有足够的滤通能力（根据发动机的使用限制），以便在燃油脏污程度（与污粒大小和密度有关）超过有关适航标准对发动机所规定的值时，保证发动机燃油系统的功能不受损害。
16	25.1141	动力装置的操纵器件：总则	动力装置操纵器件的位置、排列和设计，必须符合第25.777至25.781条的规定，并按第25.1555条的要求作标记。此外，还必须满足下列要求： （a）操纵器件的位置必须保证不会由于人员进出驾驶舱或在驾驶舱内正常活动而使其误动； （b）柔性操纵器件必须经过批准，或必须表明适合于特定用途； （c）操纵器件必须具有足够的强度和刚度，能承受工作载荷而不失效和没有过度的变形； （d）操纵器件必须能保持在任何给定的位置而不需飞行机组成员经常注意，并且不会由于操纵载荷或振动而滑移； （e）位于指定火区内要求在着火情况下能够工作的每个动力装置操纵器件，必须至少是耐火的。 （f）位于驾驶舱内的动力装置阀门操纵器件必须满足以下要求： （1）对于手动阀门，在打开和关闭位置要有确实的止动器。对于燃油阀门，在上述位置要有适当的指示标志； （2）对于动力作动阀门，应有向飞行机组指示下列情况之一的手段： （i）阀门在全开或全关位置； （ii）阀门在全开和全关位置之间移动。

（续表）

序号	条款	标题	内 容
17	25.1182(a)	防火墙后面的短舱区域和包含可燃液体导管的发动机吊舱连接结构	（a）每个直接位于防火墙后面的短舱区域和包含可燃液体导管的发动机吊舱连接结构的每一部分，必须满足第 25.1103(b)条、第 25.1165(d)和(e)条、第 25.1183 条、第 25.1185(c)条、第 25.1187 条、第 25.1189 条以及第 25.1195 至 25.1203 条中的每项要求，包括指定火区的有关要求。但是，发动机吊舱的连接结构不必具有火警探测或灭火措施。
18	25.1189	切断措施	（a）每台发动机安装和第 25.1181(a)(4)条与(5)条规定的各个火区必须有措施，用来切断燃油、滑油、除冰液以及其它可燃液体，或者防止危险量的上述液体流入或流过任何指定火区，或在其中流动。但下列情况不要求有切断措施： （1）与发动机组成一体的导管、接头和组件； （2）涡轮发动机安装的滑油系统（如果其处于指定火区内的所有组件，包括滑油箱，都是防火的，或位于不易受发动机着火影响的区域）。 （b）任何一台发动机的燃油切断阀的关闭，不得中断对其余发动机的供油。 （c）任何切断动作不得影响其它设备（诸如螺旋桨顺桨装置）以后的应急使用。 （d）可燃液体的切断装置和控制装置必须是防火的，或者必须安置和防护得使火区内的任何着火不会影响其工作。 （e）切断装置关闭后，不得有危险量的可燃液体排入任何指定火区。 （f）必须有措施防止切断装置被误动，并能使机组在飞行中重新打开已关闭的切断装置。 （g）油箱和发动机之间的每个切断阀的安装位置必须使动力装置或发动机安装的结构破损不会影响该阀工作。 （h）每个切断阀必须具有释放聚积过大压力的措施，如果系统中另有释压措施则除外
19	25.1301	功能和安装	所安装的每项设备必须符合下列要求： （a）其种类和设计与预定功能相适应； （b）用标牌标明其名称、功能或使用限制，或这些要素的适用的组合； （c）按对该设备规定的限制进行安装； （d）在安装后功能正常。
20	25.1309	设备、系统和安装	（a）凡航空器适航标准对其功能有要求的设备、系统及安装，其设计必须保证在各种可预期的运行条件下能完成预定功能。

（续表）

序号	条款	标题	内　容
			（b）飞机系统与有关部件的设计,在单独考虑以及与其它系统一同考虑的情况下,必须符合下列规定: （1）发生任何妨碍飞机继续安全飞行与着陆的失效情况的概率极小; （2）发生任何降低飞机能力或机组处理不利运行条件能力的其它失效情况的概率很小。 （c）必须提供警告信息,向机组指出系统的不安全工作情况并能使机组采取适当的纠正动作。系统、控制器件和有关的监控与警告装置的设计必须尽量减少可能增加危险的机组失误。 （d）必须通过分析,必要时通过适当的地面、飞行或模拟器试验,来表明符合本条(b)的规定。这种分析必须考虑下列情况: （1）可能的失效模式,包括外界原因造成的故障和损坏; （2）多重失效和失效未被检测出的概率; （3）在各个飞行阶段和各种运行条件下,对飞机和乘员造成的后果; （4）对机组的警告信号,所需的纠正动作,以及对故障的检测能力。 （e）凡航空器适航标准对其功能有要求并且需要能源的每一装置,均为该能源的"重要负载"。在可能的工作组合下和可能的持续时间内,能源和系统必须满足下列要求: （1）在系统正常工作时能够向与系统联接的全部负载供能; （2）任一原动机、功率变换器或者储能器失效之后能够向重要负载供能; （3）发生下列失效后能够向重要负载供能: （i）双发飞机上的任何一台发动机失效; （ii）三发或更多发飞机上的任何两台发动机失效; （4）任一能源系统、分配系统或其它用能系统发生任何失效或故障之后,能够向民用航空规章要求备用能源的重要负载供能。 （f）在判断符合本条(e)(2)和(3)的要求时,可以假定按某种监控程序减小能源负载,而该程序要符合经批准的使用类型的安全要求。对于三发或更多发飞机的双发停车情况,不必考虑在可控飞行中不需要的负载。 （g）在表明电气系统和设备的设计与安装符合本条(a)和(b)的规定时,必须考虑临界的环境条件。民用航空规章规定具备的或要求使用的发电、配电和

（续表）

序号	条款	标题	内　　容
			用电设备,在可预期的环境条件下能否连续安全使用,可由环境试验、设计分析或参考其它飞机已有的类似使用经验来表明,但适航当局认可的技术标准中含有环境试验程序的设备除外。
21	25.1353(a)	电气设备及安装	(a) 电气设备、控制装置和线路的安装,必须使任一部件或系统的工作不会对安全运行必不可少的任何其它电气部件或系统的同时工作产生不利影响。
22	25.1357	电路保护装置	(a) 必须采用自动保护装置,在线路发生故障或在系统或所连接的设备发生严重失灵时,最大限度地减小对电气系统的损坏和对飞机的危害。 (c) 每一可复位型电路保护装置的设计,必须在发生过载或电路故障时,不论其操作位置如何,均能断开电路。 (d) 如果飞行安全要求必需有某一断路器复位或更换某一熔断器的能力,则这种断路器或熔断器的位置和标识必须使其在飞行中易被复位或更换。 (e) 每一重要负载电路必须具有单独的电路保护。但不要求重要负载系统中的每一电路(如系统中的每个航行灯电路)都有单独的保护。 (g) 如果对于接至某设备的电缆已有电路保护,则可采用自动复位断路器(如热断路器)作为该电气设备自身装有的保护器。
23	25.1541	总则（标记和标牌）	(a) 飞机必须装有: (1) 规定的标记和标牌; (2) 如果具有不寻常的设计、使用或操纵特性,为安全运行所需的附加的信息、仪表标记和标牌。 (b) 本条(a)中规定的每一标记和标牌必须符合下列要求: (1) 示于醒目处; (2) 不易擦去、走样或模糊。
24	25.1555(c)(1)(2)	操纵器件标记	(c) 对动力装置燃油操纵器件有下列要求: (1) 必须对燃油箱转换开关的操纵器件作出标记,指明相应于每个油箱的位置和相应于每种实际存在的交叉供油状态的位置; (2) 为了安全运行,如果要求按特定顺序使用某些油箱,则在此组油箱的转换开关上或其近旁必须标明该顺序。

4.3.3　系统描述

燃油分配系统包括压力加油/放油系统、发动机供油系统和 APU 供油系统。主要功能是地面加油与放油,地面各油箱间燃油转输,向发动机供油,向 APU 供油,纠正油箱不平衡。

4.3.3.1　压力加油/放油系统

压力加油/放油系统的功能是快速为飞机加油,并且在对飞机进行维护修理时,也能快速抽出油箱内的燃油。

压力加油/放油系统由压力加油接头、压力加油切断阀、加油总管、加油/放油控制板、高油位浮子阀和加油/放油导管等组成。

在飞机的右机翼前梁前设有压力加油舱,舱内设一个国际标准的压力加油接头及加油/放油控制板。压力加油舱设有照明设备,可以满足夜间加油的照明需要。

压力加油/放油通过加油/放油控制板来控制。加油/放油控制板用来选择各种加油/放油状态,并且显示飞机每个油箱的油量和总油量。

压力加油可以通过自动和手动两种形式来实现。自动加油可使飞机加油到最大燃油量或加油到预选的加油量,并可同时为所有油箱加油,也可分别为左、右油箱加油。

在自动加油时,通过加油/放油控制板输入期望的总油量,油量计算机控制每个油箱的加油。达到预选的加油量时,燃油量指示系统发出信号关闭加油阀,自动终止加油。在自动加油系统故障时,每个油箱的高油位浮子阀通过超控措施来中断加油以防止燃油溢出(过量加油)。同时,油量测量系统输出一个过量加油时的高油位警告信号,该信号显示在加/放油指示器上,同时也通过 ARINC429 数据总线发往 EICAS。

压力加油设有预检功能,能对油箱加油切断功能进行预检。

手动操作可以人为超控压力加油系统,实现对任意油箱加油到要求的油量。

此外,飞机左、右机翼油箱均备有重力加油口,在无压力加油设备时,使用重力加油方式,按地面加油设备上的油量指示器或机上油量指示系统,控制加油量,为飞机加油。

飞机放油通过压力加油接头来实现。每个油箱均可以压力放油。打开位于发动机供油管路和加放油管路之间的电机驱动的放油切断阀和燃油供油泵即可实现压力放油。在没有机上电源的情况下,可以利用抽吸功能进行放油。手动操作可以实现对油箱的任意放油。

此外,加油系统防静电措施包括限制管路中燃油流量;使用带电搭接的卡箍。

4.3.3.2　供油系统

供油系统的功能是将燃油从飞机燃油箱输往发动机和 APU,保证发动机在各种飞行姿态和运行条件下均可正常工作。

每台发动机都有一个独立的供油系统。发动机供油系统由交流供油泵、单向阀、供油切断阀、交输供油切断阀、吸力供油滤网及供油导管等组成。

在正常工作中,左机翼油箱向左发动机供油,右机翼油箱向右发动机供油。每套供油系统都包含两台相同型号的交流供油泵,两套系统相互独立。一台交流供油泵的流量可以满足一台发动机工作需要。两台交流供油泵互为备份。

燃油控制板布置在驾驶舱顶部板区域,燃油控制板上共有 6 个 PBA,分别控制四台交流燃油泵、交输供油阀和直流燃油泵,如图 4-4 所示。燃油控制板按照静暗座舱理念设计,飞机上电后,四个交流燃油泵的 PBA 上白色"OFF"灯亮,发动机起动前,按压四台 AC 泵的 PBA,四台交流供油泵启动并正常工作,对应的 PBA 上的"OFF"熄灭,当某台泵供油失效时,其 PBA 上的"FAULT"亮。

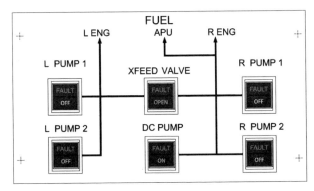

图 4-4 ARJ21-700 飞机燃油控制板

燃油在交流供油泵作用下经过单向阀、供油切断阀向发动机供油。在交流供油泵出口安装了压力信号器,通过 ARINC429 数据总线,向 EICAS 和燃油控制板提供交流供油泵正常工作或失效逻辑信号。AC 泵有入口滤网,防止吸入异物。AC 泵干运转时,当泵外部的温度上升到一定温度时,AC 泵内部的保险启动保护。单向阀在交流供油泵故障情况下可以防止燃油回流。供油切断阀是常开的,它与防火系统的发动机灭火手柄联动。

燃油系统具有交输供油能力。通过交输供油阀和交输供油管将两套独立的供油系统连通。在需要交输供油的情况下,按压燃油控制板上的"XFEED VALVE"PBA(青色"OPEN"灯亮),交输供油阀打开,可由任一机翼油箱向任一发动机供油,或同时向两台发动机供油。交输供油阀为手动控制。交输供油阀失效时,燃油控制板上"XFEED VALVE"PBA 的"FAULT"灯亮。

交输供油能力还可以纠正左右油箱油量的不平衡。

燃油系统具有吸力供油能力。在左、右发动机供油管路入口均安装了吸力供油滤网,在各增压泵故障或飞机无交流电源时,可保证飞机在一定飞行高度下进行吸力供油。

APU 供油系统用于向 APU 和起动发动机时供油。APU 供油系统由直流电动泵、单向阀、APU 供油切断阀及 APU 供油导管等组成。直流电动泵安装在右集油箱中,由右机翼油箱向 APU 供油。在地面正常起动或空中应急起动 APU 时,按压驾驶舱顶部安装的燃油控制板上的"DC PUMP"PBA,直流电动泵立即开始工作,同时"DC PUMP"PBA 上的"ON"亮,当供油失效时,PBA 上的"FAULT"亮,燃油在直流电动泵作用下,经过单向阀、APU 供油切断阀向 APU 供油。APU 供油管路与右发动机供油管路连通,当交流电动泵工作正常后,关闭直流电动泵,此后 APU 依靠右机翼油箱中两台交流供油泵供油。

在直流供油泵出口安装了压力信号器,通过 ARINC429 数据总线,向 EICAS 和燃油控制板提供直流供油泵正常工作或失效逻辑信号。单向阀可防止直流供油泵不工作或失效时燃油回流。APU 供油切断阀是常闭的,APU 供油切断阀与驾驶舱和地面 APU 防火控制板中的 APU 防火手柄联动。

由于发动机和 APU 位于机身后部,位于机身内的燃油系统管路采用双层管结构,确保系统供油安全。

当飞机在地面状态下,利用增压泵、加油阀及放油切断阀可以使燃油从一个机翼油箱转输到另一个机翼油箱。打开一个机翼油箱增压泵、放油切断阀和另一个机翼油箱加油阀(本侧机翼油箱加油阀关闭),燃油在增压泵作用下,经单向阀、放油阀和另一个机翼油箱加油阀转输到另一个机翼油箱。

发动机和 APU 供油切断阀都有热释压能力,以防止由于供油管路内的燃油热膨胀导致管路建压。从供油切断阀流出的热释压燃油回流到油箱。

4.3.4　验证过程

燃油分配系统的验证工作包括计算分析、安全性分析、实验室试验、地面试验、飞行试验和部件鉴定试验等。

4.3.4.1　计算分析

基于流体分析软件 Flowmaster,开展了对燃油分配系统所涉及的发动机供油、APU 供油、引射泵转输、交叉供油、压力加放油、吸力供油及故障状态性能的分析计算。分析表明分配系统的设计符合性能要求。

4.3.4.2　安全性分析

燃油分配系统采用 FMEA、FTA 和 CCA 等分析方法对燃油分配系统在系统级 FHA 中确定的功能危险进行检查、研究和分析,以确定这些危险的原因、影响和之间的相互关系,证明了燃油分配系统不存在灾难性或危险性的单点故障;双发供油功能丧失等灾难性故障发生的概率是极不可能的。

4.3.4.3　实验室试验

燃油分配系统实验室试验主要是结冰试验,该试验是为了表明第 25.951(c)条的符合性。

4.3.4.4　机上地面试验

燃油分配系统相关的机上地面试验主要有压力加油、吸力放油、供油性能和冷气候等,通过分配系统地面试验,验证了加油系统的功能和性能可以满足设计要求,供油系统在正常和各种预期的非正常工况下性能满足要求,可以确保发动机及APU的供油安全,为开展飞行试验打下良好基础。

4.3.4.5　飞行试验

燃油分配系统相关飞行试验主要包括供油性能试飞、不可用燃油量试飞和热气候燃油试飞。通过开展飞行试验,充分验证了供油系统在全飞行包线内的工作性能。除验证常规的供油系统高空性能外,几个关键科目,如吸力供油,负加速度情况下的供油,以及热燃油供油,表明供油系统在各种极端下仍具有非常稳定的工作性能,能确保飞机供油安全。

4.3.4.6　部件鉴定试验

燃油分配系统涉及的主要部件如表 4－4 所示,分配系统部件鉴定试验作为设计验证的最基础部分工作,主要由供应商完成,部分试验审查代表参与目击。部分试验采取相似性分析表明符合性。

表 4－4　燃油分配系统主要部件

序号	部 件 名 称	序号	部 件 名 称
1	加/放油指示器	13	交流燃油泵泵壳
2	加/放油控制板	14	发动机供油切断阀
3	加/放油接头	15	发动机供油切断阀作动器
4	加油电磁阀	16	套管排液阀
5	加油切断阀	17	快卸接头
6	高油位浮子控制阀	18	交输供油阀
7	加油压力信号器	19	交输供油阀作动器
8	放油切断阀	20	直流燃油泵泵芯
9	放油切断阀作动器	21	直流燃油泵泵壳
10	吸油口滤网	22	引射泵
11	发动机供油单向阀	23	APU 供油切断阀
12	交流燃油泵泵芯	24	APU 供油切断阀作动器

4.3.5　关键技术

4.3.5.1　燃油系统结冰试验验证技术

飞机燃油系统需要保证在低温环境下正常运行,向动力装置和APU正常供油。燃油中的饱和水在低温环境下容易析出结冰,并附着在结构上,有可能造成供输油通道的堵塞或流通能力下降。且低温下的燃油黏度相对于常温增加数倍,致使流阻增大。这些因素都会导致动力装置供油能力的下降。为验证该功能,需要在－40℃对含有饱和水的燃油进行供输油试验。国内机场自然环境温度极难达到此低温要

图4-5　结冰试验时油箱内情况

求,因此需要在实验室模拟该试验条件。

4.3.5.2　热燃油试验验证技术

根据适航条款的要求,飞机燃油系统应确保在热气侯条件下,能持续向发动机和APU提供所需压力和流量的燃油。由于高温情况下,燃油挥发及油液中气体析出,导致燃油汽液比增大,极易造成泵气蚀,使供油能力下降,所以热燃油试验过程中不仅可能会出现发动机滑油超温,而且还可能造成发动机空中停车等危险情况。除威胁飞行安全外,因燃油温度远高于燃油闪点温度,在地面加热燃油时若油气遇到火花等也可能导致燃油箱爆炸的灾难性后果。

4.3.5.3　燃油系统负加速度试飞技术

民用飞机适航规章要求在飞行包线内作负加速度飞行时,发动机、APU及与其相关的任何部件和系统不得出现危险故障。咨询通告对飞机负加速度试飞进行了明确要求,试验飞机在0～−1.0g之间持续飞行不少于7 s,总试验时间不少于20 s。民用运输机负加速度试飞属于高风险科目,在负加速度下,发动机供油系统吸油入口可能进入空气,引气发动机供油压力和流量的不连续会导致发动机工作不连续或停车。

4.3.5.4　柔性接头极限载荷试验

对于飞机(燃油)管路柔性接头的设计、使用和鉴定,国内外只进行相关的鉴定试验,按照或者参考AS1650规范进行,然而这些试验项目未涉及柔性接头的极限载荷试验内容,即未进行极限拉伸(见图4-6)、极限剪切(见图4-7)和极限弯曲试验(见图4-8)。所以无法通过鉴定试验获得接头产品极限承载能力,行业内类似产品制造商也无相关数据。

图 4 - 6　柔性接头极限载荷试验-拉伸极限试验

图 4 - 7　柔性接头极限载荷试验-剪切极限试验

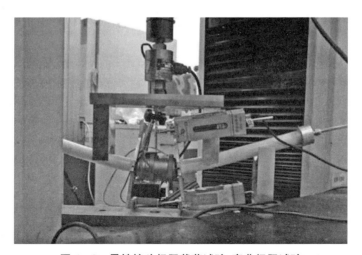

图 4 - 8　柔性接头极限载荷试验-弯曲极限试验

而柔性接头极限载荷试验技术可以测量柔性接头组件在拉伸力、剪切力和弯矩加载情况下,其接头的应力情况和变形情况,以及加载过程中加载力和该应力情况/变形情况的历程关系,也可检测出柔性接头在一定工作压力(根据设计要求确定)下达到多大极限力才会发生泄漏,更进一步也可测量出在达到多大极限力情况下柔性接头组件会发生结构性破坏。

4.3.6 关注点

燃油分配系统研制的主要关注点如下:

(1)引射系统性能的验证应和油箱结构串油特性联合开展,此外,引射系统的设计应考虑外来物防护,以及管路带来的虹吸作用。

(2)左右两侧供油系统的独立性,不仅要考虑燃油系统本身的设计,还要考虑燃油泵阀的供电的独立性,应通过完整的安全性分析表明满足独立性的要求。

(3)布置在机身内的燃油系统管路,应充分考虑飞机适坠性要求,具有足够的柔性,尽可能布置在主结构附近,避免布置在坠撞情况下可能发生损毁的区域。

(4)系统级结冰试验主要考核的是油箱内部的过水孔和设备在结冰情况下的流通能力;试验油箱不必完全按照装机构型进行,可进行大量简化处理,如油箱厚度、表面处理、喷漆及油箱上部(除底部外)都可进行简化。

(5)进行吸力供油试飞试验时应使用未风化燃油,起飞后直接采用吸力供油进行连续爬升。试验应避免采用阶梯爬升方法,因为阶梯爬升方法会导致油箱内燃油中所含气体逐渐挥发,所以无法模拟最严酷的吸力供油情况。

(6)在负加速度飞行中,燃油、滑油和液压油等有可能处于漂浮状态,会出现气穴现象,此时供给发动机的燃油是油气混合,有可能导致发动机工作不正常,甚至造成熄火或停车。飞行员应做好发生发动机停车后的处理方法;试飞工程师或地面监控人员应对发动机转速、发动机振动、燃油压力和滑油压力等参数进行监控。

4.4 燃油指示系统

4.4.1 需求来源

燃油测量与指示系统需要实现的功能有燃油量测量、燃油泵压力测量、燃油温度测量以及燃油系统相关告警、状态信息在驾驶舱指示。

燃油量测量系统的功能是向机组提供准确、可靠的燃油量信息,以及高/低油面告警信息。燃油泵压力测量功能用于监控燃油泵工作状态。燃油温度测量功能向机组提供飞机供油箱温度信息,当燃油温度过低、有结冰风险时向机组发出低油温告警信号。

燃油量测量系统的难题在于面对飞机姿态变化和燃油属性变化还要能够提供准确的油量信息,即使同样类型牌号的燃油,不同油料公司和不同燃油温度,也会出现燃油属性的变化。

此外,由于飞机的燃油箱几何形状和燃油箱沉淀槽,机上所贮存的总燃油量中有一小部分为不可放燃油;燃油箱布局和供油系统架构是不用燃油量的主要决定因素;考虑闪电防护等因素,油量传感器布置限制造成不可测燃油。不可放燃油量、不可用燃油量和不可测燃油量这三个数据是油量测量系统软件的重要设计输入。其中,不可放燃油量在飞机首次加油时通过地面试验确定,不可用燃油量通过飞行试验确定。

4.4.2　适航要求

燃油指示系统相关的适航条款主要有 25.959、25.1301 和 25.1431 等,如表 4-5 所示。

表 4-5　燃油指示系统相关适航条款

序号	条款	标题	内　容
1	25.959	不可用燃油量	每个燃油箱及其燃油系统附件的不可用燃油量必须制定为不小于下述油量:对于需由该油箱供油的所有预定运行和机动飞行,在最不利供油条件下,发动机工作开始出现不正常时该油箱内的油量。不必考虑燃油系统部件的失效。
2	25.1301	功能和安装	所安装的每项设备必须符合下列要求: (a) 其种类和设计与预定功能相适应; (b) 用标牌标明其名称、功能或使用限制,或这些要素的适用的组合; (c) 按对该设备规定的限制进行安装; (d) 在安装后功能正常。
3	25.1305(a) (1)(2) 25.1305(c) (8)	动力装置仪表	所需的动力装置仪表规定如下: (a) 各种飞机 (1) 每台发动机一个燃油压力警告装置,或所有发动机一个总警告装置,并有分离各单独警告的措施; (2) 每个燃油箱一个燃油油量表; (c) 涡轮发动机飞机除本条(a)要求的动力装置仪表外,还需装有下列动力装置仪表: (8) 防止燃油系统部件被冰堵塞的任何加温器,应有一个指示其功能是否正常的指示器。
4	25.1309	设备、系统及安装	(a) 凡航空器适航标准对其功能有要求的设备、系统及安装,其设计必须保证在各种可预期的运行条件下能完成预定功能。 (b) 飞机系统与有关部件的设计,在单独考虑以及与其它系统一同考虑的情况下,必须符合下列规定: (1) 发生任何妨碍飞机继续安全飞行与着陆的失效情况的概率极小;

（续表）

序号	条款	标题	内　容

（2）发生任何降低飞机能力或机组处理不利运行条件能力的其它失效情况的概率很小。

（c）必须提供警告信息，向机组指出系统的不安全工作情况并能使机组采取适当的纠正动作。系统、控制器件和有关的监控与警告装置的设计必须尽量减少可能增加危险的机组失误。

（d）必须通过分析，必要时通过适当的地面、飞行或模拟器试验，来表明符合本条（b）的规定。这种分析必须考虑下列情况：

（1）可能的失效模式，包括外界原因造成的故障和损坏；

（2）多重失效和失效未被检测出的概率；

（3）在各个飞行阶段和各种运行条件下，对飞机和乘员造成的后果；

（4）对机组的警告信号，所需的纠正动作，以及对故障的检测能力。

（e）凡航空器适航标准对其功能有要求并且需要能源的每一装置，均为该能源的"重要负载"。在可能的工作组合下和可能的持续时间内，能源和系统必须满足下列要求：

（1）在系统正常工作时能够向与系统联接的全部负载供能；

（2）任一原动机、功率变换器或者储能器失效之后能够向重要负载供能；

（3）发生下列失效后能够向重要负载供能：

（i）双发飞机上的任何一台发动机失效；

（ii）三发或更多发飞机上的任何两台发动机失效；

（4）任一能源系统、分配系统或其它用能系统发生任何失效或故障之后，能够向民用航空规章要求备用能源的重要负载供能。

（f）在判断符合本条（e）（2）和（3）的要求时，可以假定按某种监控程序减小能源负载，而该程序要符合经批准的使用类型的安全要求。对于三发或更多发飞机的双发停车情况，不必考虑在可控飞行中不需要的负载。

（g）在表明电气系统和设备的设计与安装符合本条（a）和（b）的规定时，必须考虑临界的环境条件。民用航空规章规定具备的或要求使用的发电、配电和用电设备，在可预期的环境条件下能否连续安全使用，可由环境试验、设计分析或参考其它飞机已有的类似使用经验来表明，但适航当局认可的技术标准中含有环境试验程序的设备除外。

（续表）

序号	条款	标题	内　　容
5	25.1322	警告灯、戒备灯和提示灯	如果在驾驶舱内装有警告灯、戒备灯和提示灯,则除适航当局另行批准外,灯的颜色必须按照下列规定: (a) 红色,用于警告灯(指示危险情况,可能要求立即采取纠正动作的指示灯); (b) 琥珀色,用于戒备灯(指示将可能需要采取纠正动作的指示灯); (c) 绿色,用于安全工作灯; (d) 任何其它颜色,包括白色,用于本条(a)至(c)未作规定的灯,该颜色要足以同本条(a)至(c)规定的颜色相区别,以避免可能的混淆。
6	25.1337 (b)(1)	动力装置仪表	(b) 燃油油量表必须装有指示装置向飞行机组成员指示飞行中每个油箱内可用燃油油量,单位为升(美加仑),或者当量单位。此外,还必须符合下列规定: (1) 每个燃油油量表必须经过校准,使得在平飞过程中当油箱内剩余燃油油量等于按第25.959条确定的不可用燃油油量时,其读数为"零"。
7	25.1431 (a)(c)	电子设备	(a) 在表明无线电和电子设备及其安装符合第25.1309(a)条和(b)条的要求时,必须考虑临界环境条件。 (b) 无线电和电子设备的供电必须按照第25.1355(c)条的要求。 (c) 无线电和电子设备、控制装置和导线,必须安装成在任一部件或系统工作时,对民用航空规章所要求的任何其它无线电和电子部件或系统的同时工作不会有不利影响。
8	25.1553	燃油油量表	如果任一油箱的不可用燃油超过3.8升(1美加仑)和该油箱容量的5%中之大者,必须在其油量表上从校准的零读数到平飞姿态下能读得的最小读数用红色弧线标示。

4.4.3　设计原则

燃油压力测量和温度测量系统原理简单可靠,采用常规成熟技术。

民用飞机油量测量的主要解决思路是通过油量传感器阵列探测燃油箱内各隔舱油面,进而获得燃油体积信息,测量或计算获得燃油密度,计算燃油质量。

油量测量系统中最常用的技术是利用电容式油量传感器,电容式油量传感器通常由一对同心管组成,由于燃油和空气之间的介电常数存在差异,当油面变化时,油量传感器两个同心管之间的电容随着浸没高度而变化。B777飞机采用了超声波式油量传感器,值得注意的是,B787飞机又重新采用了电容式测量技术。

决定油量测量精度的主要是传感器数量和布置方案,通过软件算法,把各个传感器测得的油面高度换算得到燃油体积信息。决定油量测量可用性的主要是系统架构和多个传感器阵列。

除了主燃油量测量功能外,辅助测量功能可保证电子测量系统失效时安全签派飞机,常用的形式是磁性油尺。

油位测量功能也是燃油测量系统的重要功能,其中高油位测量功能用于在地面加油时向地勤人员提供溢油告警,以防止燃油箱超压。而低油量告警功能,则是燃油测量与指示系统保障飞机飞行安全的重要措施,通过单独的低油位传感器,当供油箱油面低于设定值时,向机组发出告警。

4.4.4　系统描述

燃油测量与指示系统实现燃油量测量、数字式油量指示、低油面告警、燃油不平衡告警、燃油增压泵低压告警和低油温告警等功能。指示系统由燃油量指示系统、燃油压力指示系统、燃油温度指示系统和燃油量地面目视指示器(油尺)组成。

1) 油量测量系统

燃油量指示系统的功能是向驾驶员提供飞机燃油量指示,在地面加油服务时向地勤人员提供燃油量指示,并控制自动加油。

飞机采用数字式燃油量指示系统。燃油量指示系统由油箱油量传感器、补偿传感器、低油面传感器、燃油温度传感器、燃油量计算机、加油/放油控制板、加油/放油指示器以及连接电缆等组成。

在左、右机翼油箱内装有油量传感器,传感器感受油箱内的油面变化,并向计算机提供电信号。

在每个油箱内各装有一根油箱油量补偿传感器,向计算机提供电信号,以补偿燃油介电常数的变化,来提高测量精度。在每个油箱内各装有一根低油位传感器,以发出低油位告警信号。

燃油量计算机接收来自各油箱油量传感器、补偿器、低油面传感器和温度传感器的输入信号并进行处理,计算各油箱燃油的重量和机上燃油总重量等。通过数据总线,以数字形式传送至 EICAS 和位于压力加油控制板上的燃油量指示器,以指示飞机的燃油量和加油油量。燃油量计算机也会输出每个油箱的低油面告警离散信号。计算机为双通道设置,自身具有余度,并具有自检测能力,在探测到故障时,自动选用备份通道,恢复正常工作。

燃油量计算机(FQC)与压力加油系统的界面是加油控制板和指示器。它提供各油箱和总的油量显示,也可设置预选油量。自动加油时,FQC 监视各油箱的油量,当到达预选油量时关闭油箱的加油阀。

2) 油尺

油尺用于地面目视检测燃油箱内的燃油量。

在飞机左、右机翼油箱内,在油箱的下表面装有油尺,无需电源即可在飞机外面目视测量各油箱内的燃油量。

3）燃油压力测量

燃油压力测量和指示系统的功能是向驾驶员提供左、右机翼油箱内燃油增压泵出口的燃油压力信号。

在每台燃油增压泵的出口装有燃油压力传感器,指示燃油增压泵工作状态。

4）燃油温度测量

燃油温度指示系统指示飞机燃油箱内的燃油温度。

在左机翼集油箱内设有燃油温度传感器,感受燃油温度,并显示在燃油简图页上。

5）EICAS 显示信息

燃油系统在 EICAS 上显示如下系统状态和告警信息:

（1）各油箱油量及总油量。

（2）各油箱低油量。

（3）油量不平衡。

（4）泵、阀故障及状态。

另外,燃油系统的状态信息还以简图页的形式显示在多功能显示器上。系统故障信息存储在中央维护系统内,以备地面维护使用。

4.4.5　验证过程

4.4.5.1　机上地面试验

燃油指示系统相关的机上地面试验主要有不可用燃油量、燃油箱容量及标定、低油面、磁性油尺和冷气候地面试验等。

4.4.5.2　飞行试验

燃油指示系统相关的飞行试验主要结合燃油系统其他试验开展,主要验证燃油系统指示、告警等功能并验证不可用油量值。

4.4.5.3　机载软硬件验证过程

燃油系统很多功能需要通过软件实现,软件开发是系统研制的重要组成部分。

在 1992 年 12 月 16 日 RTCA 批准发布 DO-178B 之后,FAA、EASA 和 CAAC 等民航当局在对含软件的机载系统和设备进行适航审定时,都将 DO-178B 作为可接受的机载软件符合性方法。

系统机载软件开发的第一步是确定软件等级,之后便进入软件生命周期过程。根据 AC21-02,软件生命周期过程包括软件计划过程、软件开发过程和软件合成过程。软件计划过程指导软件开发和合成过程的活动。软件开发过程产生软件产品,这一过程包括软件需求过程、软件设计过程、软件编码过程和软件整合过程。软件合成过程确保软件生命周期内输出的正确性及对它们的控制和置信度,软件合成过程包括软件验证过程、软件构型管理过程、软件质量保证过程和合格审定联络过程。软件生命周期各过程之间基本关系的示意如图 4-9 所示。

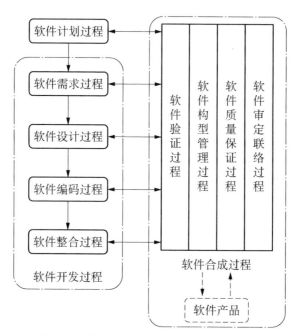

图 4-9 软件生命周期各过程之间基本关系

由燃油系统软件研制流程可知,软件研制流程中燃油系统室需完成的工作内容主要有以下四项:

(1) 确定软件设计保证等级(DAL)。

(2) 向供应商提供系统功能定义。

(3) 向供应商提供软件更改输入及完成功能验证。

(4) 软件 SOI 评审。

系统机载软件开发的第一步是确定软件设计保证等级,根据 SAE ARP4754,通过系统需求分配和系统安全性分析等过程,确定系统分配给软件的功能以及软件的等级,软件的异常可能引起多种不同的失效条件,软件等级按照最严重的失效条件来确定。

这部分工作主要由燃油系统安全性工程师完成。安全性工程师根据飞机级功能危险分析结果进行系统级功能危险分析,从系统的功能失效影响等级确定执行系统功能所涉及的硬件和软件的研制保证等级。系统安全性工程师完成该项工作需供应商提供系统安全性分析报告和软件安全性分析报告。燃油系统功能危险分析等安全性分析报告获得系统局方的批准,标志着系统软硬件设计保证等级最终确定,之后便进入软件生命周期过程。

软件开发过程产生软件产品,软件产品需满足系统功能,而系统功能来自于飞机级功能需求,因此软件开发过程中最重要的问题为需求追溯性要求。

燃油系统室根据飞机级功能需求确定系统功能需求,从系统功能需求分解到设备级功能需求。供应商从设备级功能需求制订软件高级别需求,这些高级别需求包括功能、性能、接口及与安全相关的需求等,再根据高级别需求形成软件构架和低级别需求,最后根据低级别需求产生源代码和可执行目标代码。

最终产生的源代码应符合低级别需求和软件架构,与目标机器相容,可验证、可追溯至低级别需求,低级别需求可追溯至高级别需求,高级别需求可追溯至设备级功能需求,设备级功能需求可追溯至系统级功能需求,系统级功能需求可追溯至飞机级功能需求。需求的追溯性是软件介入阶段(SOI)评审的重要内容。

软件开发过程的追溯性非常重要,系统专业需进行详细的功能分解,将飞机级功能需求最终落实到设备级功能需求中,设备级功能需求将作为供应商进一步分解需求的输入,每一步功能分解都必须形成文件,并对这些文件进行有效的管理。

软件更改过程与软件功能验证过程密切关联。

软件功能是否被正确地实现必须经过验证,供应商必须按照 DO - 178B 要求进行详细的验证。燃油系统专业主要针对系统功能对软件进行试验验证,如验证与航电系统接口的交联试验,低油温告警验证试验,验证油量测量精度的油箱标定试验,验证第 25.1337(b)(1)条燃油油量的不可用燃油量试飞等。

验证过程中如果发现软件功能问题则应向供应商反馈问题,有时需双方进行大量的协调和排故工作以定位故障原因,供应商根据燃油系统专业提供的软件更改输入对软件相关功能进行更改。软件更改后,需针对更改相关的功能再进行试验验证。

SOI 评审活动是审查方对主机厂或供应商进行的评审,监控其软件的生命周期过程,并确定其与 DO - 178B 的符合性。通常情况下,主机厂或供应商应先进行内部预备 SOI 评审,确认软件生命周期过程符合 DO - 178B 相关要求,再由审查方进行正式 SOI 评审。需求的追溯性是软件 SOI 评审的重要内容。

4.4.5.4 部件鉴定试验

燃油测量系统涉及的主要部件如表 4 - 6 所示,测量系统部件鉴定试验作为设计验证的最基础部分工作,主要由供应商完成,部分试验审查代表参与目击。部分试验采取相似性分析表明符合性。

表 4 - 6　燃油测量系统主要部件

序号	部 件 名 称	序号	部 件 名 称
1	燃油计算机	6	油量测量电缆
2	燃油控制板	7	磁性油尺
3	低油位传感器	8	燃油泵压力信号器
4	油量传感器	9	燃油温度传感器
5	补偿传感器		

4.5　燃油箱防爆及闪电防护

4.5.1　需求来源

闪电对飞机具有很强的破坏性,可能会对飞行安全产生严重影响,闪电对燃油箱系统的影响主要有闪电直接效应、闪电间接效应和点火源三个方面。

闪电直接效应是指闪电直接附着于飞机和由于闪电电流传导对飞机及机载设备造成影响的物理效应。

1963 年 12 月,一架美国 B707 型商用飞机遭遇雷电袭击后在马里兰州坠毁,事故调查表明是由于飞机通气口被闪电击中引起油箱爆炸,事故发生后,FAA 组织进行了一系列研究,形成了燃油通气口火焰抑制器设计规范。并促使 FAA 新增适航条款第 25.954 条,燃油系统的闪电防护,对燃油系统闪电直接效应防护设计提出了要求。

闪电间接效应是指闪电环境下,在飞机内部和外部出现瞬态强电磁场以及沿机身传导的闪电电流,通过飞机内部电子电器设备的互连线束产生电场和磁场感应,造成机载设备失效。

因为现代运输类飞机上越来越多地采用先进的电子电气系统(如电传操纵系统和全权数字式发动机控制等)和复合材料。这些先进的电子电气系统易受闪电的间接影响,而复合材料的广泛使用又降低了对这些系统的电磁屏蔽,因此,FAA 在 1994 年 5 月发布了第 25.1316 条系统闪电防护,为了使飞机上执行关键或重要功能的电子电气系统的工作不受闪电的不利影响(间接效应影响)。

燃油箱内无油空间会聚集大量可燃燃油蒸气,如果闪电产生的高能量进入油箱并引起足够点燃燃油蒸气的点火源,将带来灾难性后果,因此燃油箱点火源防护问题是燃油系统设计的重要因素。燃油箱点燃防护相关的适航条款为第 25.981 条。

1996 年 7 月 17 日,美国环球航空 800 号班机(TWA 800)在空中爆炸,机上人员全部遇难,残骸如图 4 - 10 所示。通过美国国家运输安全委员会多年的调查研究,事故原因可能是中央翼油箱线缆老化,发生电弧导致油箱着火。虽然此次事故并非由闪电击中导致,但FAA认为在闪电的情况下亦可以导致相同后果。

图4-10 TWA800飞机残骸

该事件引起FAA对民用飞机燃油箱点火源和可燃性更大的关注,基于大量的研究成果,FAA于2001年4月18日同时发布了FAR25部第102号修正案《运输类飞机燃油箱系统设计评审、降低可燃性以及维护和检查要求》以及FAR21部特别适航条例SFAR88《燃油箱系统容错评估的等效安全条款》,要求型号合格证和补充型号合格证的持有人/申请人对在役飞机和新设计飞机进行深入评估,查明系统内所有潜在点火源,并制订点火源防护相关的适航限制类维护、检查和关键构型控制限制项目,同时也初步提出了对燃油箱可燃环境控制的要求。

2008年7月21日,FAA又正式发布了FAR25部第125号修正案对燃油箱可燃性提出了具体量化要求。

2008年9月19日,FAA发布AC25.981-1C《Fuel Tank Ignition Source Prevention Guidelines》。

作为国内首次严格按照CCAR25部适航取证的民用飞机项目——ARJ21-700飞机,最初审定基础为CCAR-25-R3,并自愿将FAR25(102号修正案)修订后的第25.981(a)款和(b)款列入ARJ21-700飞机审定基础,形成专用技术条件SC-P002。后来,随着CCAR26部的颁布,第26.37条也适用ARJ21-700飞机,故相当于ARJ21-700飞机的审定基础演变为CCAR-25-R4版的第25.981条(等效于FAR25部第125号修正案要求)。

4.5.2 适航要求

燃油箱防爆相关适航条款如表4-7所示。

表 4 – 7 燃油箱防爆相关适航条款

序号	条款	标题	内　　容
1	25.954	燃油系统闪电防护	燃油系统的设计和布局,必须防止由于下列原因而点燃系统内的燃油蒸气: (a) 雷击附着概率高的区域直接被闪击; (b) 扫掠雷击可能性高的区域被扫掠雷击; (c) 燃油通气口处的电晕放电和流光。
2	25.981	燃油箱点燃防护	(a) 在可能由于燃油或其蒸气的点燃导致灾难性失效发生的燃油箱或燃油箱系统内的任一点不得有点火源存在。必须通过以下表明: (1) 确定燃油箱或燃油箱系统的最高温度低于预期燃油箱内燃油的最低自燃温度,并留有安全裕度。 (2) 证实其内的燃油可能被点燃的每个油箱内,任何一处的温度不会超过本条(a)(1)确定的温度。如果某些部件的工作、失效或故障可能提高油箱内部的温度,则必须在每一部件所有可能的工作、失效和故障条件下验证本条。 (3) 证实点火源不会由每个单点失效、每个单点失效与每个没有表明为极小可能的潜在失效条件的组合或者所有没有表明为极不可能的失效组合引起。必须考虑制造偏差、老化、磨损、腐蚀以及可能的损伤的影响。 (b) 除本条(b)(2)和(c)规定的以外,一架飞机上每一燃油箱的机队平均可燃性暴露时间均不得超过本部附录 N 中定义的可燃性暴露评估时间(FEET)的 3%,或所评估机型机翼燃油箱的可燃性暴露时间,取较大者。如果机翼不是传统的非加热铝制机翼,则必须在假定的、与传统的非加热铝制机翼油箱等效的基础上进行分析。 (1) 机队平均可燃性暴露时间应按照本部附录 N 来确定。必须按照中国民用航空局适航部门认可的方法和程序进行评估。 (2) 除主燃油箱以外,飞机上的任何燃油箱,只要有部分位于机身轮廓线以内,就必须满足本部附录 M 规定的可燃性暴露标准。 (3) 本段用到的术语: (i) 等效的传统非加热铝制机翼燃油箱,是一个位于亚音速飞机非加热半硬壳式铝制机翼内的整体油箱,该机翼在气动性能、结构能力、油箱容量以及油箱构型上与所设计的机翼相当。 (ii) 机队平均可燃性暴露在本部附录 N 中定义,是指在一个机型机队运行的各个航段距离范围内,每个燃油箱的空余空间处于可燃状态的时间比例。 (iii) 主燃油箱指直接向一台或多台发动机供油,并且在每次飞行过程中持续保持所需燃油储备的燃油箱。 (c) 本条(b)不适用于采用减轻燃油蒸气点燃影响措施

序号	条款	标题	内　　容
			的燃油箱，该措施使得燃油蒸气点燃所造成的损伤不会妨碍飞机继续安全飞行和着陆。 (d) 必须建立必要的关键设计构型控制限制（CDCCL）、检查或其它程序，以防止依照本条(a)的燃油箱系统内形成点火源；油箱可燃性暴露时间超过本条(b)的允许值；以及按照本条(a)或(c)采用的任何措施的性能和可靠性的降低。这些 CDCCL、检查和程序必须纳入第 25.1529 条所要求的持续适航文件的适航限制章节。飞机上可预见的维修行为、修理或改装会危及关键设计构型控制限制的区域内，必须设置识别这些关键设计特征的可视化措施（如用导线的颜色编码识别隔离限制）。这些可视化措施也必须被认定为 CDCCL。
3	25.1316	系统闪电防护	(a) 对于其功能失效会影响或妨碍飞机继续安全飞行和着陆的每种电气、电子系统的设计和安装，必须保证在飞机遭遇闪电环境时，执行这些功能的系统的工作与工作能力不受不利影响。 (b) 对于其功能失效会影响或造成降低飞机能力或飞行机组处理不利运行条件能力的各种电气和电子系统的设计与安装，必须保证在飞机遭遇闪电环境之后能及时恢复这些功能。 (c) 必须按照遭遇严重闪电环境来表明对于本条(a)和(b)的闪电防护准则的符合性。申请人必须通过下列办法来设计并验证飞机电气/电子系统对闪电影响的防护能力： (1) 确定飞机的闪击区； (2) 建立闪击区的外部闪电环境； (3) 建立内部环境； (4) 判定必须满足本条要求的所有电子电气系统及其在飞机上或飞机内的位置； (5) 确定系统对内部和外部闪电环境的敏感度； (6) 设计防护措施； (7) 验证防护措施的充分性。

4.5.3　关键技术

4.5.3.1　燃油箱系统潜在点火源防护设计技术

AC25.981-1C 认为燃油箱内的点火源主要有五种表现形式，分别为电弧和电火花、细丝加热电流、摩擦火花、高温表面引燃或自燃和静电。可能的点火源列表如表 4-8 所示。

表 4 - 8　可能的点火源

位置	潜在点火源
油箱内	燃油泵、燃油测量系统线缆、传感器部件、燃油切断阀、管路及部件的电搭接失效、静电、液压热交换器及管路等
油箱外	引气防冰系统管路、油箱附近环控系统部件、油箱附近的作动器等一些运动发热部件(如飞控系统)、照明系统的灯、油箱附近线缆
环境	闪电、高强度辐射场(HIRF)等

对于每一类点火源的定义及设计考虑如下：

1) 电弧和电火花类的点火源

彼此隔离的导体间在电气系统故障、闪电或其他电气条件下可能出现电压不同而产生电气火花或电压火花。对引入电能到燃油箱中的电气或电子系统，如燃油量指示系统，在正常操作或失效操作的情况下，引入燃油箱的能量不应超过限制值。

AC25.981-1C 认为最大能量为 20 mJ 的燃油量指示系统本质是安全的，在正常工作状态下，进入油箱的能量应控制在 50 mJ，在失效状态下进入油箱的瞬间能量不能超过 200 mJ，如表 4 - 9 所示。

表 4 - 9　进入油箱能量限制表

点火源类型	状态	限制指标
进入油箱能量	固有安全	<20 mJ
	正常	<50 mJ
	失效	<200 mJ

2) 细丝加热电流类点火源

分析和测试表明当一根小的钢丝上的电流为大约 60 mA 均方根(RMS)时，这根钢丝就会点燃燃油。所以，对能把电能引入燃油箱的电气或电子系统，如燃油量指示系统，应限制引入燃油箱的电流。正常工作下，进入油箱的稳态电流限制在 25 mA 均方根(RMS)以内，且 FAA 认为这样的设计是固有安全设计；失效情况下电流应限制在 50 mA 均方根(RMS)以内，闪电引起的瞬间峰值(Peak)电流应限制在 125 mA 以内，如表 4 - 10 所示。

表 4 - 10　进入油箱电流限制表

点火源类型	状态	限制指标
进入油箱电流	固有安全	<25 mA(RMS)
	失效	<50 mA(RMS)
	闪电	<125 mA(Peak)

3）摩擦火花类点火源

根据机队运行经验表明，可能会由于泵的进口单向阀、金属屑、脱落铆钉、卡箍和针脚等物件的脱落，导致吸入燃油泵，从而引发转子叶片和固定壳体之间摩擦产生火花，系统安全性分析中应考虑这种情况。

4）高温表面类点火源

对于油箱内的部件，部件的外表面最高温度应低于燃油自燃温度 $50°F$，即留有 $50°F$ 的安全裕度，同时 FAA 在过去的审查历史中基本认可了最高表面温度为 $400°F$。对于油箱外的附近区域，FAA 建议布置在该区域内的部件表面温度也不应超过 $400°F$，同时允许部件表面的瞬间温度可以升至 $500°F$，但持续时间不能超过 2 min。

5）燃油系统静电

当液态碳氢化合物与燃油软管、过滤器、加油喷嘴和飞机加油管路有相对运动时，就会有静电荷产生。

关于燃油系统的静电，主要要求如下：

（1）加油管有节流口，并按照美国消防协会（NFPA）和美国材料与试验协会（ASTM）静电规定保持最大的流速。

（2）在出油口被燃油覆盖前，燃油的流速应该保持在 1 m/s 之下；当出油口被燃油覆盖后，流速应小于 6 m/s；参考的标准主要有 SAE AIR1662。

（3）在燃油组件、管路和装配件上使用搭接带，用来把电荷释放到油箱的结构上。

ARJ21‐700 飞机燃油箱系统设计遵守一系列防爆设计准则来增加燃油箱的安全，如燃油使用种类、中央翼区域附近部件布置、液压热交换器布置、油箱内外来物控制、高能量电缆进入油箱控制、电缆标记、高能低能电缆隔离、油箱内部及附近的相关部件防爆鉴定试验、多重闪电和静电防护措施以及关键设计构型控制限制等。

4.5.3.2 燃油箱系统潜在点火源安全性评估技术

点火源安全性分析技术主要是用在燃油箱系统区域安全性分析中，包括定性分析和定量 FTA 故障树分析等，涉及系统有燃油系统、液压系统、防冰系统、起落架系统、飞控系统和电气系统等，分析确定的燃油箱点火源防护特征，除了要满足设计安全性，还需要在飞机的运营维护过程中保持持续安全有效。这需要通过 MSG‐3 分析，定义定期维护任务，列入 CDCCL，在运营过程中长期监控。

4.5.3.3 燃油箱系统闪电防护设计及验证技术

闪电防护作为燃油箱系统防爆的重要方面，为了验证燃油箱系统闪电防护设计特征的有效性，做到全面、完整地验证，从适航条款要求出发，分析燃油箱防爆安全性的技术特性，建立验证流程，并在遵循和参考相关标准（SAE ARP5416 和 RTCA DO‐160）的基础上，研究确定了详细的试验验证方法，研制开发了相应配套试验和测试系统。

基于上述方法和试验系统，可以系统地完成了闪电环境下的传导电流测量、间隙电压测量和点火源检测,验证燃油箱系统闪电防护设计特征的有效性。如图 4 - 11~图 4 - 15 所示。

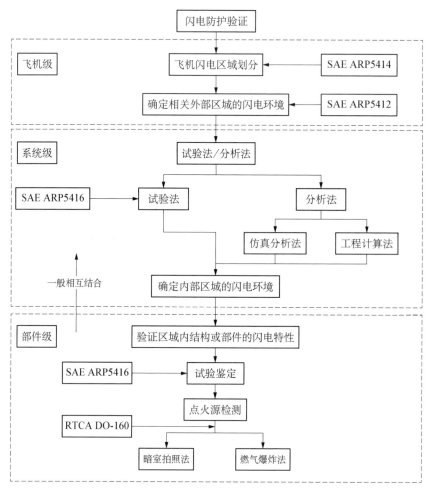

图 4 - 11 飞机闪电直接效应防护验证流程

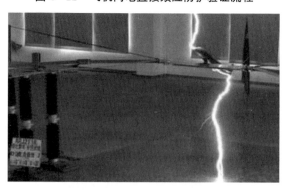

图 4 - 12 全机闪电试验验证

图 4 - 13　油箱口盖雷电流传导试验　　　　　图 4 - 14　口盖电晕流光试验

图 4 - 15　燃爆检测试验布置

4.5.3.4　燃油箱可燃性分析及验证技术

根据支线飞机的燃油箱结构与布置特点,发展了燃油箱热模型的隔舱划分和油箱结构简化方法,以及相应对流换热经验公式的选取原则与方法。基于 Matlab/Simulink 软件,设计了燃油模块、气体模块、油箱壁面模块、太阳辐射模块、环境模块、飞行参数模块、充氮模块和对流换热模块等功能模块,实现了功能模块设计的通用化。通过试飞,获取燃油箱温度数据,并以此修正燃油箱热模型。

对美国联邦航空局发展的蒙特卡罗计算模型进行了优化,增加了根据实际油耗计算燃油油量消耗的宏模块,并扩大了燃油箱热参数数组数量,提高了随机生成航线下的燃油温度计算精度。

4.5.3.5　关注点

支线飞机所开展的燃油箱系统点火源防护验证工作及其所积累的分析方法获

得了中国民航局及美国联邦航空局的认可。但是对安全的追求永无止境,燃油箱系统点燃防护领域仍有许多需要深入探索的课题,如目前世界上民用飞机广泛采用惰化系统降低油箱可燃性,是否有更简单、更可靠的解决方案? 再如,在燃油箱系统闪电防护方面,尤其是复材油箱的闪电防护,仍有很多难题亟待解决。

参考文献

［1］ 罗伊·兰顿,查克·克拉克,马丁·休伊特,等.飞机燃油系统［M］.颜万亿,译.上海:上海交通大学出版社,2010:6-7.
［2］ FAA. AC25.981-1C FUEL TANK IGNITION SOURCE PREVENTION GUIDELINES ［S］. FAA. 2008.
［3］ SAE. AIR1662,Minimization of Electrostatic Hazards in Aircraft Fuel Systems［S］. SAE. 2007.

5 防火系统

5.1 概述

无论是在飞行中还是在地面上，火对飞机来说是最危险的威胁之一，飞机失火是飞机使用和维护过程中发生次数最多的事故之一。很多飞机发生事故时都伴有起火爆炸现象。因此，避免失火和采取有效的措施降低飞机失火后造成的影响具有重要意义。防火系统对于保护飞机飞行安全和旅客生命安全至关重要。

防火系统为应急系统，其主要功能是对指定防护区的过热、烟雾或火情状况进行探测、监控和告警，并提供有效的灭火或者火情抑制措施。一旦探测到防护区发生过热、烟雾或火情等危险故障，系统应向驾驶员发出告警，以便驾驶员采取相应处理程序。系统提供灭火措施，可对火情进行抑制或扑灭，保证飞机和人员的安全。系统对设备的工作状态进行状态监测和故障诊断，显示和记录飞行过程中的系统故障，并进行故障隔离。

支线飞机防火设计包括防火系统设计和可燃液体防火设计。

支线飞机防火系统是应急备份系统，其主要功能是对指定防护区的过热、烟雾或火情状况进行探测、监控和告警，并提供有效的灭火或者火情抑制措施。防火系统机上分布如图 5-1 所示。

防火控制盒是防火系统的集中控制单元（除盥洗室灭火瓶和手提式灭火瓶外）。防火系统的探测器和灭火系统部件通过飞机电缆与防火控制盒中的控制接口单元连接，由防火控制盒监测并控制。防火控制盒分别对防护区域进行管理和监控，并将信息传送至航电系统。防火控制板是防火系统唯一的操作界面。防火控制板上的 TEST 按钮能触发系统自检测。

支线飞机防火系统按功能可分为探测和灭火两个子系统。

1) 探测子系统

(1) 发动机火警探测。

(2) APU 火警探测。

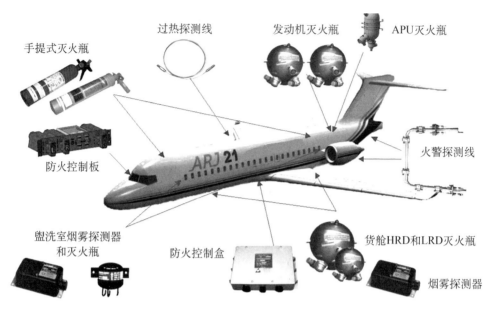

图 5-1　防火系统机上分布

（3）盥洗室烟雾探测。

（4）货舱烟雾探测。

（5）主起落架舱过热探测。

（6）引气导管泄漏过热探测（共 8 个区域）。

2）灭火子系统

（1）发动机灭火。

（2）APU 灭火。

（3）盥洗室废物箱灭火瓶。

（4）货舱灭火。

（5）客舱和驾驶舱手提式灭火瓶。

一旦探测到防护区发生过热、烟雾或火情等危险情况，系统可以向机组发出告警，以便机组执行相应处理程序。系统能够提供灭火措施，可对火情进行抑制或扑灭，保证飞机和人员的安全。系统能够监测自身运行状态并对故障状态进行指示和记录。

支线飞机可燃液体防火设计基于飞机安全要求，对飞机进行潜在着火危险分析，对飞机潜在着火区域进行评估，确定其潜在着火危险。根据着火三要素存在的状态，对该区域或设备进行防火设计，以避免潜在着火危险，降低着火造成的灾难性影响。

5.2 发动机舱和APU舱火警探测系统

5.2.1 功能和作用

发动机舱和APU舱为指定火区,舱内存在易燃液体、通风气流和名义点火源。为了及时发现发动机舱和APU舱内的火情,需设置火警探测器用于探测飞机发动机舱和APU舱着火,主要功能包括检测舱内的火警状况,并在驾驶舱内进行告警和指示。发动机火警系统和APU火警探测系统通常由探测器、控制器、控制板和飞机电缆组成。系统采用双回路架构,每个探测回路使用符合TSO-C11e标准的热敏电阻火警探测器串联而成。两个回路的探测器物理上平行布置、电气上相互隔离、功能上互为冗余,分别通过飞机布线系统连接到控制器的两个独立的通道,由控制器进行持续监测并对监测到的火警探测回路状态进行相应的逻辑处理。

5.2.2 适航要求

目前民机发动机火警探测系统和APU火警探测系统设计要求需满足的适航条款有25.1203、25.1207、25.1301和25.1309。相关条款如表5-1所示。

表5-1 发动机火警探测适航条款

序号	条款	内容
1	25.1203(a)	(a) 在每个指定火区和在涡轮发动机安装的燃烧室、涡轮和尾喷管部分内,均必须有经批准的、快速动作的火警或过热探测器。其数量和位置要保证能迅速探测这些区域内的火警。
2	25.1203(b)(1)	(b) 火警探测系统的构造和安装必须符合下列规定: (1) 能承受运行中可能遇到的振动、惯性和其它载荷。
3	25.1203(b)(2)	(2) 装有警告装置,一旦指定火区的传感器或有关导线在某一处断开时,能向机组报警,如果该系统在断开后仍能作为满足要求的探测系统继续工作则除外。
4	25.1203(b)(3)	(3) 装有警告装置,一旦指定火区内的传感器或有关导线短路时,能向机组警告,如果该系统在短路后仍能作为满足要求的探测系统继续工作则除外。
5	25.1203(c)	(c) 火警或过热探测器不得受到可能出现的任何油、水、其它液体或气体的影响。
6	25.1203(d)	(d) 必须有手段使机组在飞行中能检查每个火警或过热探测器电路的功能。
7	25.1203(e)	(e) 火区内每个火警或过热探测系统的导线和其它部件必须至少是耐火的。
8	25.1203(f)(1)	(f) 任何火区的火警或过热探测系统的部件不得穿过另一火区,但具备下列条件之一者除外: (1) 能够防止由于所穿过的火区着火而发生假火警的可能性。

序号	条款	内　　容
9	25.1203(f)(2)	(2) 所涉及的火区是由于同一探测器和灭火系统同时进行防护的。
10	25.1203(g)	(g) 火警探测系统的构造,必须使得当其处于安装形态时,不会超过根据探测器有关技术标准中规定的响应时间标准对探测器所批准的报警动作时间。
11	25.1207	除非另有规定,必须用全尺寸的着火试验或下列方法中的一种或几种表明满足第25.1181条至第25.1203条的要求: (a) 类似动力装置构型的试验; (b) 部件试验; (c) 具有类似动力装置构型的飞机服役经验; (d) 分析。
12	25.1301(a)	所安装的每项设备必须符合下列要求: (a) 其种类和设计与预定功能相适应。
13	25.1301(b)	(b) 用标牌标明其名称、功能或使用限制,或这些要素的适用的组合。
14	25.1301(c)	(c) 按对该设备规定的限制进行安装。
15	25.1301(d)	(d) 在安装后功能正常。
16	25.1309(a)	(a) 凡航空器适航标准对其功能有要求的设备、系统及安装,其设计必须保证在各种可预期的运行条件下能完成预定功能。
17	25.1309(b)	(b) 飞机系统与有关部件的设计,在单独考虑以及与其它系统一同考虑的情况下,必须符合下列规定: (1) 发生任何妨碍飞机继续安全飞行与着陆的失效情况的概率极小; (2) 发生任何降低飞机能力或机组处理不利运行条件能力的其它失效情况的概率很小。
18	25.1309(c)	(c) 必须提供警告信息,向机组指出系统的不安全工作情况并能使机组采取适当的纠正动作。系统、控制器件和有关的监控与警告装置的设计必须尽量减少可能增加危险的机组失误。
19	25.1309(d)	(d) 必须通过分析,必要时通过适当的地面、飞行或模拟器试验,来表明符合本条(b)的规定。这种分析必须考虑下列情况: (1) 可能的失效模式,包括外界原因造成的故障和损坏; (2) 多重失效和失效未被检测出的概率; (3) 在各个飞行阶段和各种运行条件下,对飞机和乘员造成的后果; (4) 对机组的警告信号,所需的纠正动作,以及对故障的检测能力。
20	25.1309(g)	(g) 在表明电气系统和设备的设计与安装符合本条(a)和(b)的规定时,必须考虑临界的环境条件。民用航空规章规定具备的或要求使用的发电、配电和用电设备,在可预期的环境条件下能否连续安全使用,可由环境试验、设计分析或参考其它飞机已有的类似使用经验来表明,但适航当局认可的技术标准中含有环境试验程序的设备除外。

5.2.3　设计考虑

根据适航要求,发动机火警探测系统和 APU 火警探测系统在设计时应采用以下设计原则和设计理念:

(1) 尽量采用成熟的技术和货架产品,保证产品的高可靠性,减少研制成本和缩短研制周期。

(2) 系统设置时需采用独立、隔离的原则,各个分系统之间相互独立,不会因为某个分系统的失效影响其他分系统的功能。

(3) 探测器周围最高环境温度和发动机及 APU 供应商的告警需求是设置告警温度的主要依据。

(4) 火警探测器的安装设计应该考虑可靠性和维修性,探测器零部件应有足够的拆卸操作空间,以方便检查和检修。探测器附近的其他设备在维修时,应有足够的操作空间,不应对探测器产生损坏。

(5) 火警探测器均为双环路设计,探测器的安装应考虑防差错。

5.2.4　试验验证

根据发动机火警探测系统和 APU 火警探测系统的适航要求,在系统的验证阶段,主要开展实验室试验、机上地面试验、飞行试验和设备鉴定试验。飞行试验主要验证系统告警温度设计的合理性,是飞机主制造商开展的关键试验,本节主要对发动机火警探测系统和 APU 火警探测系统的环境温度测量飞行试验进行介绍。

发动机火警探测器和 APU 火警探测器环境温度测量飞行试验是在高温环境下,测量火警探测器环境温度,以此试验结果再外推飞机包线最高温度下所对应的火警探测器环境温度,从而验证火警探测器告警温度设计是否准确。

试验中的试验条件以及试验数据处理方法如下。

环境温度:所选取的环境温度应使得飞行试验的起飞场温尽量接近飞机包线最高环境温度,并能使试验环境更接近极限环境条件,减小试验数据处理时外推所造成的误差。

负载状态:为使得发动机舱或 APU 舱处在高温条件下,以获取舱内火警探测器最高环境温度,发动机进行满负载工作,负载包括引气负载和电负载。

飞行高度:应该测量各个飞行高度下火警探测器的环境温度。一般来讲,最高环境温度出现在地面状态或较低飞行高度下。

飞行速度:通风冷却的气流越大,舱内通风冷却效果越好,而通风冷却气流在空中因冲压作用随速度增加而增大。因此飞行试验时选取小速度进行试验。

探测器环境温度扩展分析:火警探测器最高环境温度需要通过试飞数据扩展获得,以飞行试验获取的数据为基础,通过外推计算得到飞机包线最高温度下,火警探测器最高环境温度。

5.2.5　关键技术

发动机火警探测器是通过支架安装到发动机上。每个支架的间距一般为 $6\sim$ 8 in,导致发动机上有大量的安装支架,不仅给探测器的拆装带来了很多不便,拆装时还容易造成探测器损坏。探测器的支撑管设计作为一个创新的安装方式,已经运用到了飞机上。支撑管安装方式拆装简单且节约时间,探测器与支撑管之间固定好后可以作为整体直接安装在飞机结构上。支撑管是不锈钢空心管,强度性能好,可为探测器提供保护。典型的支撑管安装方式如图 5-2 所示。

图 5-2　支撑管安装方式

5.3　货舱烟雾探测系统

5.3.1　功能和作用

支线飞机货舱一般分为前、后 C 级货舱。按照 CCAR25.855、25.857 和 25.858 的要求,防火系统采用货舱烟雾探测系统对该区进行灾害的探测和防护。

货舱烟雾探测系统由烟雾探测器、防火控制盒和飞机电缆连接成的探测回路组成。烟雾探测器采用基于光散射原理的探测器,负责货舱区域烟雾灾害的识别和探测,当烟雾浓度超过设定值时,由防火控制盒通过航电系统向机组人员发出 EICAS 告警、灯光和语音告警。

防火系统前、后货舱的烟雾探测器的布置应考虑货舱体积以及烟雾探测器的探测范围,确保货舱有烟雾时及时给出告警。

货舱烟雾探测器安装在探测器罩内,烟雾探测器罩下缘与货舱天花板齐平,烟雾器罩下缘开口处覆盖有金属网状隔栅,能够防止舱内货物的移动对探测器的损伤。烟雾探测器符合 TSO-C1c 标准,应取得 TSO 证书。在货舱任意位置由于着火而产生烟雾后,货舱烟雾探测系统能够快速发出告警。告警通过防火和过热控制装置(FOCU)作出判断,并通过航电系统在驾驶舱内给出告警指示,包括语音、主告警灯、CAS 信息和响铃。

检测到系统故障时,FOCU 通过航电系统告警并将故障信息记录到机载维护系统。驾驶舱的防火控制板上有飞行员自检按钮,按下按钮后,使飞行员在飞行中能检查烟雾探测系统的健康状态。

5.3.2　适航要求

适用于货舱烟雾探测的条款内容以及具体要求如表 5-2 所示。

表 5-2　货舱烟雾探测条款

序号	条款	内　容
1	25.855(e)	(e) 舱内不得含有其损坏或故障将影响安全运行的任何操纵机构、管路、设备或附件,除非这些项目具有满足下列要求的保护措施: (1) 舱内货物的移动不会损伤这些项目; (2) 这些项目的破裂或故障不会引起着火危险。
2	25.855(f)	(f) 必须有防止货物或行李干扰舱内防火设施功能的措施。
3	25.855(h)(2)	(h) 必须进行飞行试验以表明符合第 25.857 条中涉及下列方面的规定: (2) 阻止危险量的烟或灭火剂进入机组舱或客舱。
4	25.857(a)	(a) A 级 A 级货舱或行李舱是指具备下列条件的舱: (1) 机载成员在其工作位置上能够容易地发现着火; (2) 飞行中容易接近舱内每个部位。
5	25.857(b)	(b) B 级 B 级货舱或行李舱是指具备下列条件的舱: (1) 有足够的通路使机组成员在飞行中能够携带手提灭火瓶有效地到达舱内任何部位; (2) 当利用通道时,没有危险量的烟、火焰或灭火剂进入任何有机组或旅客的舱; (3) 有经批准的、独立的烟雾探测或火警探测系统,可在驾驶员或飞行工程师工作位置处给出警告。
6	25.857(c)	(c) C 级 C 级货舱或行李舱是指不符合 A 级和 B 级要求的舱,但是这类舱应具备下列条件: (1) 有经批准的、独立的烟雾探测或火警探测器系统,可在驾驶员或飞行工程师工作位置处给出警告; (2) 有从驾驶舱处可操纵的、经批准的固定式灭火或抑制系统; (3) 有措施阻止危险量的烟、火焰或灭火剂进入任何有机组或旅客的舱; (4) 有控制舱内通风和抽风的措施,使所有灭火剂能抑制舱内任何可能的着火。
7	25.857(e)	(e) E 级 E 级货舱指飞机上仅用于装货的、并具备下列条件的舱: (1) [备用] (2) 有经批准的、独立的烟雾探测或火警探测系统,可在驾驶员或飞行工程师工作位置处给出警告; (3) 有措施切断进入货舱的或货舱内的通风气流,这些措施的操纵器件是机组舱内的飞行机组可以接近的; (4) 有措施阻止危险量的烟、火焰或有毒气体进入驾驶舱; (5) 在任何装货情况下,所要求的机组应急出口是可以接近的。
8	25.858	如果申请带有货舱或行李舱烟雾探测或火警探测装置的合格审定,则对于每个装有此种装置的货舱或行李舱,必须满足下列要求: (a) 该探测系统必须在起火后一分钟内,向飞行机组给出目视指示;

序号	条款	内　　容
		（b）该系统能探测到火警时的温度,必须远低于使飞机结构完整性显著降低的温度;
		（c）必须有措施使机组在飞行中能检查每个火警探测器线路的功能;
		（d）必须表明,探测系统在所有经批准的运行形态和条件下均为有效。
9	25.1301(a)	所安装的每项设备必须符合下列要求: （a）其种类和设计与预定功能相适应。
10	25.1301(b)	（b）用标牌标明其名称、功能或使用限制,或这些要素的适用的组合。
11	25.1301(c)	（c）按对该设备规定的限制进行安装。
12	25.1301(d)	（d）在安装后功能正常。
13	25.1309(b)	（b）飞机系统与有关部件的设计,在单独考虑以及与其它系统一同考虑的情况下,必须符合下列规定: （1）发生任何妨碍飞机继续安全飞行与着陆的失效情况的概率极小; （2）发生任何降低飞机能力或机组处理不利运行条件能力的其它失效情况的概率很小。
14	25.1309(c)	（c）必须提供警告信息,向机组指出系统的不安全工作情况并能使机组采取适当的纠正动作。系统、控制器件和有关的监控与警告装置的设计必须尽量减少可能增加危险的机组失误。
15	25.1309(d)	（d）必须通过分析,必要时通过适当的地面、飞行或模拟器试验,来表明符合本条(b)的规定。这种分析必须考虑下列情况: （1）可能的失效模式,包括外界原因造成的故障和损坏; （2）多重失效和失效未被检测出的概率; （3）在各个飞行阶段和各种运行条件下,对飞机和乘员造成的后果; （4）对机组的警告信号,所需的纠正动作,以及对故障的检测能力。
16	25.1309(g)	（g）在表明电气系统和设备的设计与安装符合本条(a)和(b)的规定时,必须考虑临界的环境条件。民用航空规章规定具备的或要求使用的发电、配电和用电设备,在可预期的环境条件下能否连续安全使用,可由环境试验、设计分析或参考其它飞机已有的类似使用经验来表明,但适航当局认可的技术标准中含有环境试验程序的设备除外。
17	25.1316(b)	（b）对于其功能失效会影响或造成降低飞机能力或飞行机组处理不利运行条件能力的各种电气和电子系统的设计与安装,必须保证在飞机遭遇闪电环境之后能及时恢复这些功能。
18	25.1353(a)	（a）电气设备、控制装置和线路的安装,必须使任何一个部件或系统的工作不会对安全运行必不可少的任何其他电器部件或系统的同时工作产生不利影响。

(续表)

序号	条款	内　　容
19	25.1357	（a）必须采用自动保护装置,在线路发生故障或在系统或所连接的设备发生严重失灵时,最大限度地减小对电气系统的损坏和对飞机的危害。 （b）发电系统中的保护和控制装置的设计,必须能够迅速断电,并将故障电源和输电设备与其相关联的汇流条断开,防止出现危险的过压或其它故障。 （c）每一可复位型电路保护装置的设计,必须在发生过载或电路故障时,不论其操作位置如何,均能断开电路。 （d）如果飞行安全要求必需有使某一断路器复位或更换某一熔断器的能力,则这种断路器或熔断器的位置和标识必须使其在飞行中易被复位或更换。 （e）每一重要负载电路必须具有单独的电路保护。但不要求重要负载系统中的每一电路(如系统中的每个航行灯电路)都有单独的保护。 （f）如果采用熔断器,则必须有备用熔断器供飞行中使用,其数量至少为保护整个电路所需的每种规格熔断器数量的50%。 （g）如果对于接至某设备的电缆已有电路保护,则可采用自动复位断路器(如热断路器)作为该电气设备自身装有的保护器。
20	25.1431(a)	（a）在表明无线电和电子设备及其安装符合第25.1309(a)和(b)条的要求时,必须考虑临界环境条件。
21	25.1431(c)	（c）无线电和电子设备、控制装置和导线,必须安装成在任一部件或系统工作时,对民用航空规章所要求的任何其它无线电和电子部件或系统的同时工作不会有不利影响。

5.3.3　设计考虑

根据适航要求,发动机火警探测系统和 APU 火警探测系统在设计时应采用以下设计原则和设计理念:

（1）尽量采用成熟的技术和货架产品,保证产品的高可靠性,减少研制成本和缩短研制周期。

（2）探测到货舱出现烟雾状况后,应为飞行员提供视觉和音响烟雾告警指示。货舱烟雾状况消失后,应清除告警信号并恢复烟雾探测能力。

（3）任何货舱内的烟雾探测器不应由于另一货舱内的着火或者灭火操作而产生误动作。

（4）货舱烟雾探测器的安装应防止货舱内物品的移动对烟雾探测器造成损坏。

（5）防火系统应在货舱任何位置起火后 1 min 内发出烟雾告警信号。

5.3.4　试验验证

货舱烟雾探测系统需开展的试验项包括前/后货舱烟雾探测系统功能检查和前/后货舱烟雾穿透试验。

5.3.4.1　前/后货舱烟雾探测系统功能检查试验

前/后货舱烟雾探测系统功能检查试验主要参考 AC25-9A 开展,用于检查货舱烟雾探测系统告警响应时间、飞行中的可检测性及每个防护区域的独立性,包括地面试验和飞行试验。

1) 试验状态点

(1) 由于飞行中舱内空气流动和探测器敏感度与地面状态不同,因此最大座舱压差巡航状态最为严苛。

(2) 试验应考虑巡航条件下的各种可派遣通风和增压构型状态,以覆盖各种可派遣的构型。

(3) 支线飞机货舱烟雾探测系统采取的是双通道冗余设计,单通道故障是可派遣构型,但告警逻辑与正常情况下有所不同。货舱烟雾探测系统全部失效是可派遣构型,需限制货舱不装载。正常工作模式下,需两个或两个以上烟雾探测器同时响应,才会给出货舱烟雾告警,而当部分烟雾探测器出现故障后,仅需一个烟雾探测器响应,即判断所在货舱出现火情。因此,在双通道正常情况下开展验证的结果能够涵盖货舱烟雾探测系统全部的可派遣构型。

2) 烟雾发生器及发烟量

烟雾发生器应模拟仅产生少量烟雾的阴燃火。支线飞机货舱烟雾探测试验中使用的烟雾发生器能够满足 AC25-9A 中的相关要求,使用过程中通过加热高分子液体使其蒸发形成模拟烟雾,利用高压氮气使其通过发烟口排出。单位时间内的发烟量可通过调节氮气瓶出口压力进行控制。

3) 烟雾发生器安装位置

烟雾发生器与货舱烟雾探测器的相对距离越大,货舱烟雾探测系统发出告警响应的时间就越长。因此,在试验过程中烟雾发生器应安装固定在与烟雾探测器相对较远的位置,同时还应考虑货舱内通风气流的影响。

5.3.4.2　前/后货舱烟雾穿透试验

前/后货舱烟雾穿透试验主要参考 AC25-9A 开展,用于验证是否有危险量的烟雾从货舱穿透进入客舱和驾驶舱,包括地面试验和飞行试验。

1) 试验状态点

根据 AC25-9A,货舱烟雾穿透试验应在巡航和下降条件下进行,正常座舱压差,且应考虑正常空气流量和飞机可派遣的通风流量条件。

2) 试验判据

局方或局方认可的观察员目视检查没有烟雾从前(后)货舱穿透进入客舱和

驾驶舱,若有少量烟雾进入驾驶舱和客舱,烟雾高度不应超过客舱旅客座椅扶手。若有少量烟缕出现在客舱旅客座椅扶手以上,应迅速消散,不可形成薄雾或层雾。

3) 烟雾发生与控制

货舱烟雾穿透试验通常与货舱烟雾探测系统功能检查试验结合在一起进行。烟雾探测系统功能检查试验使用的发烟量较小,驾驶舱内收到货舱烟雾告警后,标志着烟雾探测系统功能检查试验的结束。关于货舱内是否充满烟雾的判定,AC25 - 9A 中指出,货舱内保持正常光照,观察员在舱内举起手臂,手掌与脸部距离保持18 in,当无法观察到手掌时,表明货舱内已充满烟雾。

4) 试验过程中的观察

在试验过程中,试飞工程师通过视频监测系统持续观察货舱内烟雾情况,间断开启和关闭烟雾发生器,以保证后货舱始终处于烟雾充满状态。观察员在客舱内巡视观察是否有烟雾进入,试验过程中发现拉下遮光板,辅以黑色背景(如黑手套),借助手电筒照射,更容易观察到是否有烟雾出现,重点检查货舱与客舱交界面、通风口位置、盥洗室内和舱门等位置。

5.3.5　关键技术

1) 货舱烟雾探测系统双通道冗余设计

货舱烟雾探测系统采用双通道冗余架构,两个通道之间电气隔离,使用不同的电源供应和通信线路。前货舱和后货舱各有一半烟雾探测器连接到防火控制盒的A 通道,另一半烟雾探测器连接到防火控制盒的 B 通道,两通道的烟雾探测器在货舱内交替布置。

2) 烟雾发生与控制方法

考虑到试验人员的安全问题,试验中使用靶标代替手掌,在距其 18 in 的位置安装摄像头,摄像头通过网线与客舱中的笔记本相连接,通过视频软件试验人员可在客舱内实时观察到所拍摄的靶标图像,当试验人员完全无法观察到图像时,表明舱内已充满烟雾,此时可关闭烟雾发生器。当试验人员观察到货舱内烟雾浓度下降时,需重新开启烟雾发生器,以保证货舱始终处于烟雾充满状态。

5.4　高温引气泄漏探测系统

5.4.1　功能和作用

支线飞机在可能引起泄漏的引气导管上布置过热探测器,可对由于引气导管泄漏造成的环境过热情况进行探测和告警。引气导管泄漏过热区共分为 8 个区域:左发动机引气管渗漏过热探测区、右发动机引气管渗漏过热探测区、APU 引气管渗漏过热探测区、客舱配平管区域引气渗漏过热探测区、机翼防冰导管引气渗漏过热探测区、左空调包引气渗漏过热探测区、右空调包引气渗漏过热探测区和配平管区域引气渗漏过热探测区。过热探测器是符合 TSO‐C11e 的共晶盐型线状探测器，探测器电阻随温度升高而减小。一旦探测到过热，可通过防火控制盒过热情况作出判断，通过航电系统在驾驶舱触发告警指示，驾驶员关闭相应的引气切断阀，从而将泄漏的导管隔离。

气导管渗漏过热探测系统均采用双回路结构，每条回路可独立完成探测功能。当两条回路都正常工作时，防火控制盒采用双回路工作模式，即两条回路均有报警时才认为有过热状况。当一条探测回路故障后，防火控制盒自动切换为单回路工作模式，即只要有一条回路报警就认为有过热状况。如果两个探测回路均故障，将完全失去过热探测功能。

5.4.2　适航要求

适用于主起落架舱过热探测和引气导管渗漏过热探测系统条款如表 5‐3 所示。

表 5‐3　适用于主起落架舱过热探测和引气导管渗漏过热探测系统条款

序号	条款	内容
1	25.1301(a)	所安装的每项设备必须符合下列要求： (a) 其种类和设计与预定功能相适应。
2	25.1301(b)	(b) 用标牌标明其名称、功能或使用限制，或这些要素的适用的组合。
3	25.1301(c)	(c) 按对该设备规定的限制进行安装。
4	25.1301(d)	(d) 在安装后功能正常。
5	25.1309(a)	(a) 凡航空器适航标准对其功能有要求的设备、系统及安装，其设计必须保证在各种可预期的运行条件下能完成预定功能。
6	25.1309(b)	(b) 飞机系统与有关部件的设计，在单独考虑以及与其它系统一同考虑的情况下，必须符合下列规定： (1) 发生任何妨碍飞机继续安全飞行与着陆的失效情况的概率极小； (2) 发生任何降低飞机能力或机组处理不利运行条件能力的其它失效情况的概率很小。
7	25.1309(c)	(c) 必须提供警告信息，向机组指出系统的不安全工作情况并能使机组采取适当的纠正动作。系统、控制器件和有关的监控与警告装置的设计必须尽量减少可能增加危险的机组失误。
8	25.1309(d)	(d) 必须通过分析，必要时通过适当的地面、飞行或模拟器试验，来表明符合本条(b)的规定。这种分析必须考虑下列情况： (1) 可能的失效模式，包括外界原因造成的故障和损坏； (2) 多重失效和失效未被检测出的概率； (3) 在各个飞行阶段和各种运行条件下，对飞机和乘员造成的后果； (4) 对机组的警告信号，所需的纠正动作，以及对故障的检测能力。

（续表）

序号	条款	内　　容
9	25.1309(g)	(g) 在表明电气系统和设备的设计与安装符合本条(a)和(b)的规定时,必须考虑临界的环境条件。民用航空规章规定具备的或要求使用的发电、配电和用电设备,在可预期的环境条件下能否连续安全使用,可由环境试验、设计分析或参考其它飞机已有的类似使用经验来表明,但适航当局认可的技术标准中含有环境试验程序的设备除外。

5.4.3　设计考虑

根据适航要求,高温引气泄漏探测系统在设计时应采用以下设计原则和设计理念：

（1）按照空气管理系统提供的区域定义为指定的引气导管区域提供引气泄漏过热探测功能。

（2）应能迅速探测引气导管泄漏过热状况。

（3）探测到引气泄漏过热状况后,应能立即为飞行员提供视觉和音响过热告警指示。

（4）应能检测引气泄漏过热探测器及相关导线出现的短路和断路故障。

（5）当检测到失去引气泄漏过热探测功能时,应能为飞行员提供失效指示。

探测器在告警温度设计时,还需考虑一下因素：

（1）防护区域内的防护对象。引气导管泄漏过热探测系统用于探测由于引气导管泄漏导致的区域过热,以降低泄漏的高温引气对附近设备和结构的危害。引气导管泄漏过热探测器的告警温度的设置需考虑附近设备和结构对温度的耐受水平。

（2）过热探测器的安装距离。受安装限制,即使同一段过热探测器,其距离引气导管的安装位置也可能有差异。一般来讲,距离的差异仅影响告警时间响应的快慢,并不影响告警功能。

（3）探测灵敏度和误告警率的权衡。设置较高告警温度将降低误告警率,设置较低告警温度将提高探测灵敏度,需要权衡考虑。一般来讲,需尽可能地提高探测灵敏度以降低引气导管泄漏过热导致的危害。

5.4.4　试验验证

支线飞机引气导管渗漏过热探测系统环境温度测量飞行试验在高温环境下,测量过热探测器环境温度,并以试验结果外推飞机包线在最高温度下所对应的过热探测器环境温度,从而验证引气导管渗漏过热探测器告警温度设计是否准确。试验中的试验条件以及试验数据处理方法如下。

（1）环境温度：为使得飞行试验的起飞场温尽量接近飞机包线最高环境温度,

使试验环境更接近极限环境条件,减小试验数据处理时外推所造成的误差。

(2) 飞行高度:应该测量各个飞行高度下引气导管渗漏过热探测器的环境温度。一般来讲,最高环境温度出现在地面状态或较低飞行高度下。

(3) 探测器环境温度扩展分析:引气导管渗漏过热探测器最高环境温度需要通过试飞数据扩展获得,以飞行试验获取的数据为基础,通过外推计算得到飞机包线最高温度下,引气导管渗漏过热探测器最高环境温度。由于地面大气温度最高,在整个飞行试验过程中,引气导管渗漏过热探测器最高环境温度出现在地面。

5.4.5　关键技术

探测器告警温度设定得准确与否,直接决定探测器告警灵敏度。引气泄漏过热探测器的告警温度为探测线周围最高的环境温度加上一个阈值,并从符合条件的探测线规格的告警温度中选取确定最终的告警温度。最高环境温度计算方法为告警温度设置的关键。在系统设计阶段,通过理论分析,计算飞机在最严酷工况下探测器上的最高环境温度,以此作为输入设定探测器的告警温度。此计算分析方法过于保守,容易导致引气导管泄漏过热探测系统部分告警温度偏高。因此,可采用大气温度外推和引气温度外推二次叠加的方法,根据试飞试验所测的探测器最高环境温度计算探测器理论最高环境温度。其中大气温度外推直接根据试飞大气温度差值计算所得。引气温度外推通过计算分析在不同引气温度下导管表面不同间距的温度所得。

5.5　发动机舱和APU舱灭火系统

5.5.1　功能和作用

根据相关适航条款,发动机舱和APU舱被定义为指定火区,由于指定火区容易发生火灾,且一旦发生火灾对飞机飞行危害极大,因此发动机舱和APU舱具有主动防火和被动防火设计对飞机飞行安全进行保护,其中火警探测系统和灭火系统属于被动防火设计。当发动机舱或APU舱发生火灾时,火警探测系统会探测到火情,并通过航电系统向驾驶舱机组进行告警,当机组获得火灾告警后,将执行灭火操作对发动机舱或APU舱进行灭火。

1) 发动机舱灭火系统

发动机灭火系统有两个灭火瓶,每个灭火瓶中的灭火剂均可喷射到任何一个发动机短舱。发动机灭火系统示意如图5-3所示。

拉出发动机灭火手柄后,旋转灭火手柄可将其中一个灭火瓶中的灭火剂喷射到相应的发动机短舱。反方向旋转灭火手柄可将另一个灭火瓶中的灭火剂喷射到同一个发动机短舱。

每个发动机灭火瓶有一个由防火控制盒监测的温度补偿压力开关。每个爆炸

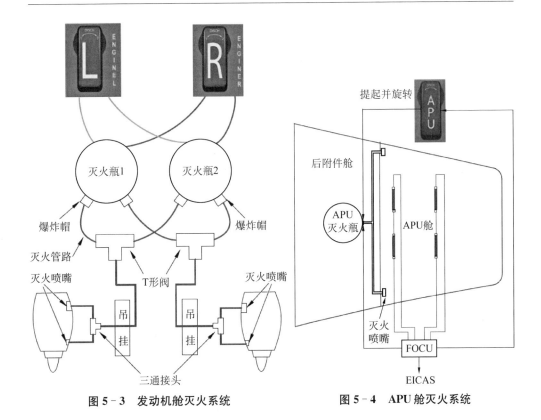

图 5‑3　发动机舱灭火系统　　　　　图 5‑4　APU 舱灭火系统

帽有两个触发电桥,单个触发电桥工作即可燃爆爆炸帽。防火控制盒监测触发电桥的连续性,一个爆炸帽的两个触发电路均开路时防火控制盒发送警戒信息到EICAS。

　　2) APU 舱灭火系统

　　APU 舱灭火系统有一个 APU 舱灭火瓶。拉出 APU 舱灭火手柄后,左旋或右旋灭火手柄均可将 APU 舱灭火瓶中的灭火剂喷射到 APU 舱。APU 舱灭火系统如图 5‑4 所示。

　　APU 舱灭火瓶上有一个带温度补偿压力开关的压力表,温度补偿压力开关由防火控制盒监测。爆炸帽中有两个触发电桥,单个触发电桥工作即可燃爆爆炸帽。防火控制盒监测触发电桥的连续性,两个触发电路均开路时防火控制盒发送警戒信息到 EICAS。

　　APU 舱灭火系统有自动和手动两种工作模式。飞机在地面状态时防火控制盒自动采用自动模式。

5.5.2　适航要求

适用于发动机舱灭火系统和 APU 舱灭火系统的条款如表 5‑4 和表 5‑5 所示。

表 5 - 4　适用于发动机灭火系统的条款

序号	条款	内　容
1	25.901(b)(2)	(2) 安装的各部件其构造、布置和安装必须保证在正常检查或翻修的间隔期内能继续保持安全运转。
2	25.1195(a)	(a) 必须有为每个指定火区服务的灭火系统,但是对于包含输送可燃液体或气体管路或组件的涡轮发动机安装的燃烧室、涡轮及尾喷管部分,如果表明其着火是可控制的,则这些部分除外。
3	25.1195(b)	(b) 灭火系统、灭火剂剂量、喷射速率和喷射分布必须足以灭火。必须通过真实的或模拟的飞行试验来表明,在飞行中临界的气流条件下,本条(a)规定的每一指定火区内灭火剂的喷射,可提供能熄灭该火区内的着火并能使复燃的概率减至最小的灭火剂密集度。辅助动力装置、燃油燃烧加温器以及其它燃烧设备可以使用单独的"一次喷射"式灭火系统。对于每个其它的指定火区,必须提供两次喷射,每次喷射要有足够的灭火剂密集度。
4	25.1195(c)	短舱的灭火系统必须能够同时对被防护短舱的每一火区进行防护。
5	25.1197(a)	(a) 灭火剂必须满足下列要求: (1) 能够熄灭在灭火系统保护的区域内任何液体或其它可燃材料燃烧时的火焰; (2) 对于贮放灭火剂的舱内可能出现的整个温度范围,均具有热稳定性。
6	25.1197(b)	(b) 如果使用任何有毒的灭火剂,必须采取措施防止有害密集度的灭火液或其蒸气(飞机正常运行中渗漏的,或者在地面或飞行中灭火瓶喷射释放的)进入任何载人舱(即使灭火系统中可能存在缺陷)。对于此要求必须用试验来表明,但机身舱内的固定式二氧化碳灭火系统除外,对于该系统则有下列要求:(1)应能按规定的灭火程序,向机身任一隔舱喷射 2.3 公斤(5 磅)或少于 2.3 公斤(5 磅)的二氧化碳;或 (2) 对于在驾驶舱执勤的或每个飞行机组成员,应有防护性呼吸设备。
7	25.1199(a)	(a) 每个灭火瓶必须备有释压装置,防止内压过高而引起容器爆破。
8	25.1199(b)	(b) 从释压接头引出的每根排放管的排放瑞头,其设置必须使放出的灭火剂不会损伤飞机。该排放管还必须设置和防护得不致被冰或其它外来物堵塞。
9	25.1199(c)	(c) 对于每个灭火瓶必须设有指示措施,指示该灭火瓶已经喷射或其充填压力低于正常工作所需的最小规定值。
10	25.1199(d)(1)	(d) 在预定运行条件下,必须保持每个灭火瓶的温度,以防出现下列情况: (1) 容器中压力下降到低于提供足够喷射率所需的值。
11	25.1199(d)(2)	(2) 容器中压力上升到足以引起过早喷射。

（续表）

序号	条款	内　　容
12	25.1199(e)	(e) 如果采用爆炸帽来喷射灭火剂,则每个灭火瓶必须安装得使温度条件不致产生爆炸帽工作性能危险的恶化。
13	25.1201(a)	(a) 任何灭火系统的材料不得与任何灭火剂起化学反应以致产生危害。
14	25.1201(b)	(b) 发动机舱内的每个灭火系统部件必须是防火的。
15	25.1207	除非另有规定,必须用全尺寸的着火试验或下列方法中的一种或几种表明满足第25.1181条至第25.1203条的要求: (a) 类似动力装置构型的试验; (b) 部件试验; (c) 具有类似动力装置构型的飞机服役经验; (d) 分析。
16	25.1301(a)	所安装的每项设备必须符合下列要求: (a) 其种类和设计与预定功能相适应。
17	25.1301(b)	(b) 用标牌标明其名称、功能或使用限制,或这些要素的适用的组合。
18	25.1301(c)	(c) 按对该设备规定的限制进行安装。
19	25.1301(d)	(d) 在安装后功能正常。
20	25.1309(a)	(a) 凡航空器适航标准对其功能有要求的设备、系统及安装,其设计必须保证在各种可预期的运行条件下能完成预定功能。
21	25.1309(b)	(b) 飞机系统与有关部件的设计,在单独考虑以及与其它系统一同考虑的情况下,必须符合下列规定: (1) 发生任何妨碍飞机继续安全飞行与着陆的失效情况的概率极小; (2) 发生任何降低飞机能力或机组处理不利运行条件能力的其它失效情况的概率很小。
22	25.1309(c)	(c) 必须提供警告信息,向机组指出系统的不安全工作情况并能使机组采取适当的纠正动作。系统、控制器件和有关的监控与警告装置的设计必须尽量减少可能增加危险的机组失误。
23	25.1309(d)	(d) 必须通过分析,必要时通过适当的地面、飞行或模拟器试验,来表明符合本条(b)的规定。这种分析必须考虑下列情况: (1) 可能的失效模式,包括外界原因造成的故障和损坏; (2) 多重失效和失效未被检测出的概率; (3) 在各个飞行阶段和各种运行条件下,对飞机和乘员造成的后果; (4) 对机组的警告信号,所需的纠正动作,以及对故障的检测能力。
24	25.1309(g)	(g) 在表明电气系统和设备的设计与安装符合本条(a)和(b)的规定时,必须考虑临界的环境条件。民用航空规章规定具备的或要求使用的发电、配电和用电设备,在可预期的环境条件下能否连续安全使用,可由环境试验、设计分析或参考其它飞机已有的类似使用经验来表明,但适航当局认可的技术标准中含有环境试验程序的设备除外。

表 5 - 5　适用于 APU 舱灭火系统的条款

序号	条款	内　容
1	25.901(b)(2)	2) 安装的各部件其构造、布置和安装必须保证在正常检查或翻修的间隔期内能继续保持安全运转。
2	25.1195(a)	(a) 必须有为每个指定火区服务的灭火系统,但是对于包含输送可燃液体或气体管路或组件的涡轮发动机安装的燃烧室、涡轮及尾喷管部分,如果表明其着火是可控制的,则这些部分除外。
3	25.1195(b)	(b) 灭火系统、灭火剂剂量、喷射速率和喷射分布必须足以灭火。必须通过真实的或模拟的飞行试验来表明,在飞行中临界的气流条件下,本条(a)规定的每一指定火区内灭火剂的喷射,可提供能熄灭该火区内的着火并能使复燃的概率减至最小的灭火剂密集度。辅助动力装置、燃油燃烧加温器以及其它燃烧设备可以使用单独的"一次喷射"式灭火系统。对于每个其它的指定火区,必须提供两次喷射,每次喷射要有足够的灭火剂密集度。
4	25.1197(a)	(a) 灭火剂必须满足下列要求: (1) 能够熄灭在灭火系统保护的区域内任何液体或其它可燃材料燃烧时的火焰; (2) 对于贮放灭火剂的舱内可能出现的整个温度范围,均具有热稳定性。
5	25.1197(b)	(b) 如果使用任何有毒的灭火剂,必须采取措施防止有害密集度的灭火液或其蒸气(飞机正常运行中渗漏的,或者在地面或飞行中灭火瓶喷射释放的)进入任何载人舱(即使灭火系统中可能存在缺陷)。对于此要求必须用试验来表明,但机身舱内的固定式二氧化碳灭火系统除外,对于该系统则有下列要求:(1)应能按规定的灭火程序,向机身任一隔舱喷射 2.3 公斤(5 磅)或少于 2.3 公斤(5 磅)的二氧化碳;或 (2) 对于在驾驶舱执勤的或每个飞行机组成员,应有防护性呼吸设备。
6	25.1199(a)	(a) 每个灭火瓶必须备有释压装置,防止内压过高而引起容器爆破。
7	25.1199(b)	(b) 从释压接头引出的每根排放管的排放瑞头,其设置必须使放出的灭火剂不会损伤飞机。该排放管还必须设置和防护得不致被冰或其它外来物堵塞。
8	25.1199(c)	(c) 对于每个灭火瓶必须设有指示措施,指示该灭火瓶已经喷射或其充填压力低于正常工作所需的最小规定值。
9	25.1199(d)(1)	(d) 在预定运行条件下,必须保持每个灭火瓶的温度,以防出现下列情况: (1) 容器中压力下降到低于提供足够喷射率所需的值。
10	25.1199(d)(2)	(2) 容器中压力上升到足以引起过早喷射。
11	25.1199(e)	(e) 如果采用爆炸帽来喷射灭火剂,则每个灭火瓶必须安装得使温度条件不致产生爆炸帽工作性能危险的恶化。
12	25.1201(a)	(a) 任何灭火系统的材料不得与任何灭火剂起化学反应以致产生危害。

（续表）

序号	条款	内　　容
13	25.1201(b)	(b) 发动机舱内的每个灭火系统部件必须是防火的。
14	25.1207	除非另有规定,必须用全尺寸的着火试验或下列方法中的一种或几种表明满足第 25.1181 条至第 25.1203 条的要求: (a) 类似动力装置构型的试验; (b) 部件试验; (c) 具有类似动力装置构型的飞机服役经验; (d) 分析。
15	25.1301(a)	所安装的每项设备必须符合下列要求: (a) 其种类和设计与预定功能相适应。
16	25.1301(b)	(b) 用标牌标明其名称、功能或使用限制,或这些要素的适用的组合。
17	25.1301(c)	(c) 按对该设备规定的限制进行安装。
18	25.1301(d)	(d) 在安装后功能正常。
19	25.1309(a)	(a) 凡航空器适航标准对其功能有要求的设备、系统及安装,其设计必须保证在各种可预期的运行条件下能完成预定功能。
20	25.1309(b)	(b) 飞机系统与有关部件的设计,在单独考虑以及与其它系统一同考虑的情况下,必须符合下列规定: (1) 发生任何妨碍飞机继续安全飞行与着陆的失效情况的概率极小; (2) 发生任何降低飞机能力或机组处理不利运行条件能力的其它失效情况的概率很小。
21	25.1309(c)	(c) 必须提供警告信息,向机组指出系统的不安全工作情况并能使机组采取适当的纠正动作。系统、控制器件和有关的监控与警告装置的设计必须尽量减少可能增加危险的机组失误。
22	25.1309(d)	(d) 必须通过分析,必要时通过适当的地面、飞行或模拟器试验,来表明符合本条(b)的规定。这种分析必须考虑下列情况: (1) 可能的失效模式,包括外界原因造成的故障和损坏; (2) 多重失效和失效未被检测出的概率; (3) 在各个飞行阶段和各种运行条件下,对飞机和乘员造成的后果; (4) 对机组的警告信号,所需的纠正动作,以及对故障的检测能力。
23	25.1309(g)	(g) 在表明电气系统和设备的设计与安装符合本条(a)和(b)的规定时,必须考虑临界的环境条件。民用航空规章规定具备的或要求使用的发电、配电和用电设备,在可预期的环境条件下能否连续安全使用,可由环境试验、设计分析或参考其它飞机已有的类似使用经验来表明,但适航当局认可的技术标准中含有环境试验程序的设备除外。

5.5.3　设计考虑

1) 灭火剂的选用

支线飞机通常使用 Halon 1301 灭火剂(三氟一溴甲烷)作为发动机舱灭火系统和 APU 舱灭火系统的灭火剂。Halon 1301 灭火剂是一种高效的气体灭火剂,具有灭火效率高、无毒、腐蚀性低、易扩散、性质稳定、不导电及灭火之后无残留等优点,在民用航空领域已有几十年的使用历史。

2) 性能影响因素

发动机和 APU 舱灭火系统性能优劣的评判核心在于是否能快速地将灭火剂喷入保护区内,并能使灭火剂尽可能均匀地扩散。在系统设计上主要影响系统性能的因素有如下几方面。

(1) 灭火管网设计(包括导管流通面积、导管长度和导管走向等)。

(2) 灭火瓶工作压力。

(3) 灭火喷嘴设计。

(4) 灭火喷嘴的安装位置。

(5) 灭火剂的物理性质。

5.5.4　试验验证

1) 发动机舱灭火剂浓度测量飞行试验

对于发动机舱灭火剂浓度测量飞行试验,需在最严酷的条件下测量发动机舱灭火剂浓度。灭火瓶释放温度为飞机温度包线左边界时,灭火瓶处在最低环境下的温度,为保证灭火瓶低温释放条件需要安装灭火瓶保温装置进行低温保存。发动机舱灭火剂浓度测量试验时发动机对应推力为大车状态。发动机舱灭火剂浓度测量飞行试验对应试验条件如下。

灭火瓶释放温度:发动机舱灭火采用 Halon 1301 灭火剂,该灭火剂具有高效灭火性能,灭火剂被高压填充到发动机灭火瓶,在灭火瓶中为液体状态。当灭火剂释放时液态灭火剂需要吸收热量进行汽化,此外,灭火剂扩散性能受温度影响,灭火剂温度越低,其扩散性能越差,因此,发动机舱灭火剂浓度受灭火瓶环境温度直接影响。灭火瓶处在低环境温度条件下将使得舱内灭火剂浓度偏低,为最严酷的试验条件,一般选取灭火瓶所在舱最低环境温度作为灭火瓶释放温度。

飞行高度:灭火剂浓度受舱内气流影响,而发动机风扇舱通风气流来源于冲压空气,受飞行高度影响明显,因此,试验在低空开展较为合适,该空域具有较高的大气密度,对应较大的通风气流。

飞行速度:灭火剂浓度受舱内气流影响,而发动机风扇舱通风气流来源于冲压空气,应保证发动机舱具有较高的气流。

动力:发动机需处在大车工作状态。

测试设备：测试设备为利用压降原理所设计的高精度测试分析仪，为使得灭火剂浓度测试分析仪采集和分析的数据更加准确，灭火剂浓度测试设备尽可能安装在客舱中距离发动机近的位置。

测试采样管：测试采样管在发动机舱安装位置对灭火剂浓度有至关重要的影响。首先需要确定测试采样管最佳安装位置，该位置为易发生着火且灭火剂浓度较低的区域，即为可燃液体泄漏的高温区以及气流高低速区。例如，防冰引气导管以及液压管路附近，该区域为可燃液体容易泄漏的区域，且通过温度场和流场分析，该区域同样为高温区和气流高速区。测试采样管具体安装同样尤为重要，采样管在发动机舱安装应坚持采样管不被结构阻挡和易抽取灭火剂的原则。

灭火瓶保温：基于前文分析，发动机灭火瓶在最低环境温度下进行释放，为保证灭火瓶低温状态，需设计灭火瓶保温装置对灭火瓶进行低温保存。

2）APU 舱灭火剂浓度测量飞行试验

对于 APU 舱灭火剂浓度测量飞行试验，需在最严酷的条件下测量 APU 舱灭火剂浓度。灭火瓶释放温度为飞机温度包线左边界时，灭火瓶处在最低环境下的温度，为保证灭火瓶低温释放条件需要安装灭火瓶保温装置进行低温保存。APU 舱灭火剂浓度测量试验时 APU 舱为正常开车状态。APU 舱灭火浓度测量飞行试验对应试验条件如下。

灭火瓶释放温度：APU 舱灭火采用 Halon 1301 灭火剂，该灭火剂具有高效灭火性能，灭火剂被高压填充到 APU 舱灭火瓶，在灭火瓶中为液体状态。当灭火剂释放时液态灭火剂需要吸收热量进行汽化，此外，灭火剂扩散性能受温度影响，灭火剂温度越低，其扩散性能越差，因此，APU 舱灭火剂浓度受灭火瓶环境温度直接影响。灭火瓶处在低环境温度条件下将使得舱内灭火剂浓度偏低，为最严酷的试验条件，一般选取灭火瓶所在舱最低环境温度作为灭火瓶释放温度。

飞行高度：灭火剂浓度受舱内气流影响，而 APU 舱通风气流来源于冲压空气，受飞行高度影响明显，因此，试验在低空开展较为合适，该空域具有较高的大气密度，对应较大的通风气流。结合试验场高和飞行安全，确定试验飞行高度。

飞行速度：灭火剂浓度受舱内气流影响，而 APU 舱通风气流来源于冲压空气，为保证 APU 舱具有较高的气流，飞机速度应该选取相应飞行高度上的速度。

动力：基于前文飞行速度的分析，APU 舱处在正常开车状态。

测试设备：测试设备为利用压降原理所设计的高精度测试分析仪，为使得灭火剂浓度测试分析仪采集和分析的数据更加准确，灭火剂浓度测试设备尽可能安装在客舱中距离 APU 舱近的位置。

测试采样管：测试采样管在 APU 舱安装位置对灭火剂浓度有至关重要的影响。首先需要确定测试采样管最佳安装位置，该位置为易发生着火且灭火剂浓度较低的区域，即为可燃液体泄漏的高温区以及气流高低速区。例如，燃油管路附近，该区域为可燃液体容易泄漏的区域,且通过温度场和流场分析,该区域同样为高温区和气流高速区。测试采样管具体安装同样尤为重要,在 APU 舱安装时应坚持采样管不被结构阻挡和易抽取灭火剂的原则,具体安装要求:保证所选取采样点的灭火剂扩散未受周围结构影响,同时采样管需垂直于 APU 舱气流方向安装,且采样管尽量朝向 APU 舱的外侧。

灭火瓶保温:基于前文分析,APU 舱灭火瓶在最低环境温度下进行释放,为保证灭火瓶低温状态,需设计灭火瓶保温装置对灭火瓶进行低温保存。

5.5.5 关键技术

1)发动机舱灭火剂浓度测试采样点布置方法

AC20 - 100 推荐的方式可确定采样点初步布置方案。在初步方案的确定的基础上,利用发动机通风冷却设计 CFD 的计算结果,分析找出气流速度较高的严酷区域、高温区和易燃液体容易到达的区域等。

2)灭火剂浓度测试系统试飞改装方法

灭火剂浓度测试系统改装包括灭火剂浓度测试设备安装、浓度采样管的安装以及灭火瓶热电偶加装。改装时应在保证测试功能的前提下,尽量降低改装工作量。

灭火剂浓度测试设备主要包括数据记录仪、放大器、温度控制器、真空泵、浓度分析仪和电源转换器。由于在试验过程中,需要实时操作设备,因此需将这些设备安装在客舱内。同时为了减少灭火剂在采样管中的压力损失,应尽量保证设备接近被测舱室。

浓度采样管的安装对于采集到的数据精确程度有很大的影响,因此必须正确安装浓度采样管。采样管在安装时应满足以下要求:

(1)所有采样管的长度应是完全相同的。

(2)采样管应进行编号,并在进出口做好标记。

(3)采样管的进出口端应去掉毛刺,并用干燥氮气清洁管路。

(4)采样管应妥善支撑。

(5)采样管严禁弯折。

(6)对于增加的开孔,应事先设计好堵盖,在试验完成之后用于堵孔。

(7)采样管在气密区的过框和开孔在采样管安装完毕后应使用密封胶对采样管与开孔间隙进行密封。

(8)完成安装后,应拍照记录下每个采样点的具体布置位置。

由于在试验过程中,难以保证灭火瓶设计的最低温度,因此利用减压的灭火瓶在特定温度下释放来模拟最低温度下的释放性能。为此,需要在灭火瓶上加装热电偶来进行温度检测。热电偶安装时应当满足以下要求:

(1)热电偶应安装在灭火瓶的下部,即液态 Halon 1301 的位置。

（2）安装热电偶前应利用甲醇等清洁剂清洁安装表面。

（3）采用铝箔胶带固定热电偶。

5.6　货舱灭火系统

5.6.1　功能和作用

货舱灭火系统是应急系统，用于提供货舱灭火和火焰抑制功能。根据CCAR25部要求，C级货舱需有从驾驶舱处可操纵的、经批准的固定式灭火或抑制系统，A级、B级和E级货舱灭火按CCAR25部的其他要求。货舱灭火系统应具备灭火剂短时高速释放和灭火剂持续低速释放的能力，高速释放使被防护货舱较快到达较高的灭火剂浓度，用于扑灭货舱火焰；低速释放使被防护货舱在较长时间里维持一定灭火剂浓度，用于抑制火焰复燃。若飞机上存在多个货舱，多个货舱应被设计为各自独立的防火区域。考虑到经济性和货舱着火发生的概率，这些货舱共享一套货舱灭火系统，在一次飞行期间，货舱灭火系统仅能为其中一个货舱提供一次有效灭火能力。

货舱灭火系统通常由灭火控制面板、灭火控制器、带引爆装置的高速率释放灭火瓶、带引爆装置的低速率释放灭火瓶、灭火管路、流向控制装置、低速率释放灭火瓶流量调节装置、灭火喷嘴和飞机电缆等组成。典型的货舱灭火系统如图5-5所示。在该图中，后货舱和散货舱作为一个防火区域，低速率释放灭火瓶流量调节装置集成在灭火瓶的释放头中。

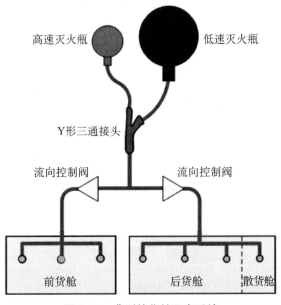

图5-5　典型的货舱灭火系统

目前,货舱灭火系统使用三氟一溴甲烷(CF3Br)气体灭火剂,即 Halon 1301 灭火剂。Halon 1301 具有灭火效率高、扩散能力强、毒性低及喷射后无腐蚀无残留等诸多优点,在民用航空领域已有 40 多年的使用历史。但这种灭火剂对臭氧层破坏能力极大,因此全球民用航空工业界已开展了大量工作,期望能逐步替换淘汰目前在航线上服役的 Halon 1301 灭火剂。

5.6.2　适航要求

适用于货舱灭火系统的适航条款如表 5-6 所示。

表 5-6　货舱灭火适航条款

序号	条款	内　容
1	25.851(b)	(b) 固定式灭火器 如果安装固定式灭火器,必须满足下列要求: (1) 每个固定式灭火系统的安装必须做到: (i) 使很可能进入载人舱的灭火剂不致危害乘员; (ii) 灭火剂的喷射不会引起结构损伤。 (2) 每个所要求的固定式灭火系统的容量,必须与使用该系统的隔离舱内很可能发生的任何火情相适应,并要考虑舱内容积及通风率。
2	25.855(e)	(e) 舱内不得含有其损坏或故障将影响安全运行的任何操纵机构、管路、设备或附件,除非这些项目具有满足下列要求的保护措施: (1) 舱内货物的移动不会损伤这些项目; (2) 这些项目的破裂或故障不会引起着火危险。
3	25.855(f)	(f) 必须有防止货物或行李干扰舱内防火设施功能的措施。
4	25.855(h)	(h) 必须进行飞行试验以表明符合第 25.857 条中涉及下列方面的规定: (2) 阻止危险量的烟或灭火剂进入机组舱或客舱; (3) C 级舱内灭火剂的消散。
5	25.855(i)	(i) 进行上述试验时必须表明,在灭火过程中或灭火后,任何货舱内的烟雾探测器或火警探测器不会由于任何另一货舱内的着火而产生误动作,除非灭火系统同时向每个货舱喷射灭火剂。
6	25.857(a)	(a) A 级 A 级货舱或行李舱是指具备下列条件的舱: (1) 机载成员在其工作位置上能够容易地发现着火; (2) 飞行中容易接近舱内每个部位。
7	25.857(b)	(b) B 级 B 级货舱或行李舱是指具备下列条件的舱: (1) 有足够的通路使机组成员在飞行中能够携带手提灭火瓶有效地到达舱内任何部位; (2) 当利用通道时,没有危险量的烟、火焰或灭火剂进入任何有机组或旅客的舱; (3) 有经批准的、独立的烟雾探测或火警探测系统,可在驾驶员或飞行工程师工作位置处给出警告。

（续表）

序号	条款	内　　容
8	25.857(c)	(c) C 级 C 级货舱或行李舱是指不符合 A 级和 B 级要求的舱,但是这类舱应具备下列条件: (1) 有经批准的、独立的烟雾探测或火警探测器系统,可在驾驶员或飞行工程师工作位置处给出警告; (2) 有从驾驶舱处可操纵的、经批准的固定式灭火或抑制系统; (3) 有措施阻止危险量的烟、火焰或灭火剂进入任何有机组或旅客的舱; (4) 有控制舱内通风和抽风的措施,使所有灭火剂能抑制舱内任何可能的着火。
9	25.857(e)	(e) E 级 E 级货舱指飞机上仅用于装货的、并具备下列条件的舱: (1) ［备用］ (2) 有经批准的、独立的烟雾探测或火警探测系统,可在驾驶员或飞行工程师工作位置处给出警告; (3) 有措施切断进入货舱的或货舱内的通风气流,这些措施的操纵器件是机组舱内的飞行机组可以接近的; (4) 有措施阻止危险量的烟、火焰或有毒气体进入驾驶舱; (5) 在任何装货情况下,所要求的机组应急出口是可以接近的。
10	25.1301(a)	所安装的每项设备必须符合下列要求: (a) 其种类和设计与预定功能相适应。
11	25.1301(b)	(b) 用标牌标明其名称、功能或使用限制,或这些要素的适用的组合。
12	25.1301(c)	(c) 按对该设备规定的限制进行安装。
13	25.1301(d)	(d) 在安装后功能正常。
14	25.1309(a)	(a) 凡航空器适航标准对其功能有要求的设备、系统及安装,其设计必须保证在各种可预期的运行条件下能完成预定功能。
15	25.1309(b)	(b) 飞机系统与有关部件的设计,在单独考虑以及与其它系统一同考虑的情况下,必须符合下列规定: (1) 发生任何妨碍飞机继续安全飞行与着陆的失效情况的概率极小; (2) 发生任何降低飞机能力或机组处理不利运行条件能力的其它失效情况的概率很小。
16	25.1309(c)	(c) 必须提供警告信息,向机组指出系统的不安全工作情况并能使机组采取适当的纠正动作。系统、控制器件和有关的监控与警告装置的设计必须尽量减少可能增加危险的机组失误。
17	25.1309(d)	(d) 必须通过分析,必要时通过适当的地面、飞行或模拟器试验,来表明符合本条(b)的规定。这种分析必须考虑下列情况: (1) 可能的失效模式,包括外界原因造成的故障和损坏; (2) 多重失效和失效未被检测出的概率; (3) 在各个飞行阶段和各种运行条件下,对飞机和乘员造成的后果; (4) 对机组的警告信号,所需的纠正动作,以及对故障的检测能力。

（续表）

序号	条款	内　容
18	25.1309(g)	(g) 在表明电气系统和设备的设计与安装符合本条(a)和(b)的规定时,必须考虑临界的环境条件。民用航空规章规定具备的或要求使用的发电、配电和用电设备,在可预期的环境条件下能否连续安全使用,可由环境试验、设计分析或参考其它飞机已有的类似使用经验来表明,但适航当局认可的技术标准中含有环境试验程序的设备除外。
19	25.1316(b)	(b) 对于其功能失效会影响或造成降低飞机能力或飞行机组处理不利运行条件能力的各种电气和电子系统的设计与安装,必须保证在飞机遭遇闪电环境之后能及时恢复这些功能。
20	25.1353(a)	(a) 电气设备、控制装置和线路的安装,必须使任何一个部件或系统的工作不会对安全运行必不可少的任何其他电器部件或系统的同时工作产生不利影响。
21	25.1357	(a) 必须采用自动保护装置,在线路发生故障或在系统或所连接的设备发生严重失灵时,最大限度地减小对电气系统的损坏和对飞机的危害。 (b) 发电系统中的保护和控制装置的设计,必须能够迅速断电,并将故障电源和输电设备与其相关联的汇流条断开,防止出现危险的过压或其它故障。 (c) 每一可复位型电路保护装置的设计,必须在发生过载或电路故障时,不论其操作位置如何,均能断开电路。 (d) 如果飞行安全要求必需有使某一断路器复位或更换某一熔断器的能力,则这种断路器或熔断器的位置和标识必须使其在飞行中易被复位或更换。 (e) 每一重要负载电路必须具有单独的电路保护。但不要求重要负载系统中的每一电路(如系统中的每个航行灯电路)都有单独的保护。 (f) 如果采用熔断器,则必须有备用熔断器供飞行中使用,其数量至少应为保护整个电路所需的每种规格熔断器数量的50%。 (g) 如果对于接至某设备的电缆已有电路保护,则可采用自动复位断路器(如热断路器)作为该电气设备自身装有的保护器。

5.6.3　设计考虑

根据适航要求,货舱灭火系统在设计时应采用以下设计原则和设计理念:

（1）应为前货舱和后货舱提供灭火和抑制功能。

（2）应在驾驶舱内为飞行员分别提供切断前货舱通风和后货舱通风的开关。

（3）应在驾驶舱内为飞行员提供释放灭火剂到指定货舱的开关。

（4）货舱灭火功能应使用固定式灭火瓶。

（5）应在驾驶舱内为货舱灭火瓶提供指示措施,指示该灭火瓶已经喷射或其充填压力低于正常工作所需的最小规定值。

（6）当检测到失去货舱灭火功能时，货舱灭火系统应为飞行员提供失效指示。

（7）货舱灭火瓶应具有释压装置，防止内压过高引起容器爆破。

（8）应防止货舱灭火剂释放或释压引起结构或设备损伤。

（9）应防止货舱灭火剂进入载人舱以致危害机组或乘员健康。

5.6.4 试验验证

前/后货舱灭火剂浓度测试用于验证货舱内灭火剂浓度及有效抑制时间是否满足要求。地面状态下飞机货舱起火时，可通过地面消防设施进行灭火，且没有抑制时间的要求。因此，仅需开展飞行试验。

1）试验状态点

（1）试验过程中的关键是保持舱内灭火剂的浓度，货舱通风切断后，灭火剂的损失主要考虑其向机身外的泄漏。

（2）飞行高度下降，灭火剂的损失速率相应降低。发现货舱火情后，飞行员会切断货舱通风，释放灭火剂，然后选择最近的机场着陆。

2）采样管布置

Halon 1301 的密度大约是空气的 6 倍，在将其喷射到货舱以后，会逐渐分层和沉降，此外，灭火剂浓度随温度和通风模式的不同而存在差异。在一个通风的货舱，Halon 1301 释放不久后就开始分层，其浓度水平会不断下降，并且货舱较高位置上的浓度衰减比较低位置上的要快。Halon 1301 也会因飞机飞行中的任何抬头俯仰而向后运动或随飞机的任何低头俯仰而往前运动。在早期一些机型货舱灭火系统的合格审定中，可通过测量整个货舱多个不同位置的浓度，然后计算所有单个测量点的算术平均值，来确定货舱的总体浓度水平。

FAA 技术中心进行的试验和从标准化的灭火评定试验所得到的其他数据资料显示，用平均的方法尚不足以验证整个货舱内是否达到了足够的灭火剂浓度，不能有效抑制货舱的火情。若在货舱起火之后用 Halon 1301 来灭火，火灾的中心区域可能会持续保持高温一段时间。如果 Halon 1301 在火灾中心附近的体积浓度降到低于 3％，并且此时有足够的氧气，则可能会发生复燃。FAA 已经通过试验表明，如果 Halon 1301 的体积浓度降到低于 3％，货物会复燃，并且起火引起的对流作用可能不足以提高火灾中心附近局部灭火剂的浓度。

参考 FAA 的研究结果，货舱灭火剂浓度测试过程中所有采样点测得的浓度均不应低于设定的最低浓度水平，而不能利用所有采样点的平均值来评估灭火剂浓度水平。采样管通过胶带固定在支架上，通过调整采样管的朝向来避免灭火剂释放后直接喷射到采样管内。

3）灭火剂浓度测试方法

在试验过程中所使用的灭火剂浓度测试设备基于微压差传感原理通过对比纯

空气与采样气体的压力差来获取灭火剂浓度的。获取纯空气参考基准需在相应高度上稳定平飞一段时间。从试验过程中灭火剂浓度随时间的历程曲线可以看出,平飞阶段转向下降阶段后,灭火剂浓度数值发生较大突变,其仅能作为参考。下降阶段的灭火剂浓度水平需根据稳定平飞阶段的相关数据进行评估,如两个平飞阶段的灭火剂浓度数值均满足要求,则认为下降阶段的灭火剂浓度数值也能够满足要求。试验中采用的测试设备和方法均为 FAA 所认可,并已在其他机型的同类试验中广泛应用。

5.6.5　关键技术

低速率释放灭火系统技术属于国内首创,其主要创新点如下。

1）构型创新

低速率释放灭火系统主要包括一个存储低速释放灭火剂的灭火瓶和一个节流滤湿器。灭火瓶设计与高速率释放灭火系统的灭火瓶相同,最大限度地保证零件的互换性和灭火瓶的维护性。节流滤湿器是一种机械式节流器,利用活塞和弹簧等零件在一定的温度范围内控制灭火剂以恒定的速率流出。同时,节流滤湿器中还装有滤湿模块,可以吸收灭火剂中的湿气,防止湿气在出口处结冰堵塞流路。此外,低速率释放灭火系统与货舱高速率释放灭火系统集成为一个整体,共用一套灭火管路,能有效降低整个货舱灭火系统的重量。在集成时,为防止低速率释放的灭火剂倒灌入已释放的高速率释放灭火瓶中,采用了叉形单向阀来连接管路,增大不利流向上的流阻,实现设计目的。

2）计算方法创新

通过分析和建模,使用了一套简单的计算方法来计算低速率释放所需灭火剂的剂量。该计算方法考虑了以下几个方面:

（1）灭火剂在不同温度下的变化和修正。

（2）货舱内的空气泄漏率。

（3）可能的最大飞行时间。

（4）灭火剂的抑制浓度。

（5）保护区域的体积。

该计算方法简单易用,具有良好的工程使用价值。

5.7　客舱烟雾探测和灭火系统

5.7.1　功能和作用

客舱烟雾探测和灭火主要包含了驾驶舱灭火、客舱灭火、盥洗室灭火和盥洗室烟雾探测系统。根据适航条款规定,需配置一定数量和种类的手提式灭火瓶用于驾驶舱和客舱灭火。对于客座量等于或大于 20 座的飞机,每个盥洗室必须安装烟雾探测系统和固定式灭火器。

驾驶舱和客舱应配置提式灭火瓶。驾驶舱灭火瓶应方便飞行机组取用,客舱灭火瓶应方便客舱机组和厨房取用。

每个盥洗室应布置一个烟雾探测系统。盥洗室烟雾探测系统由烟雾探测器、FOCU、飞机电源和飞机电缆组成。烟雾探测元件采用符合 TSO-C1c 的基于光散射原理的光电型烟雾探测器,布置在盥洗室天花板上,对盥洗室进行烟雾探测。当烟雾探测器感受到的烟雾浓度超过设定值,FOCU 通过航电系统向机组人员发出 EICAS 告警指示、灯光和语音告警。FOCU 对烟雾探测器实施周期性在线自检。检测到系统故障时,FOCU 通过航电系统告警并将故障信息记录到 CMS。

盥洗室灭火系统采用一个独立的灭火瓶,对盥洗室废物箱内火情进行自动灭火。该灭火瓶安装在废物箱旁边,瓶底有一段灭火剂释放管路,管路的末端有易熔塞密封的端盖,并伸入废物箱内。当废物箱内环境温度升高,管路端盖处温度上升到一定温度时,易熔塞熔化,灭火剂自动释放。

5.7.2 适航要求

适用于客舱烟雾探测和灭火系统的适航条款如表 5-7、表 5-8 和表 5-9 所示。

表 5-7 用于驾驶舱和客舱灭火的条款

序号	条款	内　容
1	25.851(a)(1)	(a) 手提式灭火器 (1) 客舱内必须有至少下列数目、均匀分布、可方便取用的手提式灭火器。
2	25.851(a)(2)	(2) 驾驶舱内,必须至少有一个可方便取用的手提式灭火器。
3	25.851(a)(3)	(3) 每个 A 级或 B 级货舱或行李舱和每个机组人员在飞行中可以到达的 E 级货舱或行李舱内,必须至少有一个易于接近取用的手提式灭火器。
4	25.851(a)(4)	(4) 位于客舱上面或下面的每个厨房内,必须至少放置或有一个易于接近取用的手提式灭火器。
5	25.851(a)(5)	(5) 每个手提式灭火器必须经批准。
6	25.851(a)(6)	(6) 在舱内要求设置的灭火器中,对客座量至少为 31 座和不超过 60 座的飞机,必须至少有一个是内装 Halon 1211 灭火剂(溴基氯二氟(代)甲烷 $CBrClF_2$)或等效物的,对客座量等于或大于 61 座的飞机,必须至少有两个是内装上述灭火剂的。
7	25.851(a)(7)	(7) 本条要求的灭火器内的灭火剂剂量,必须与其使用部位很可能发生的火灾类型相适应。
8	25.851(a)(8)	(8) 预定用于载人舱的每个灭火器的设计,必须尽量减小其毒性气体浓度的危害。

序号	条款	内　容
9	25.1301(a)	所安装的每项设备必须符合下列要求： (a) 其种类和设计与预定功能相适应。
10	25.1301(b)	(b) 用标牌标明其名称、功能或使用限制，或这些要素的适用的组合。
11	25.1301(c)	(c) 按对该设备规定的限制进行安装。
12	25.1301(d)	(d) 在安装后功能正常。
13	25.1309(a)	(a) 凡航空器适航标准对其功能有要求的设备、系统及安装，其设计必须保证在各种可预期的运行条件下能完成预定功能。
14	25.1309(b)	(b) 飞机系统与有关部件的设计，在单独考虑以及与其它系统一同考虑的情况下，必须符合下列规定： (1) 发生任何妨碍飞机继续安全飞行与着陆的失效情况的概率极小； (2) 发生任何降低飞机能力或机组处理不利运行条件能力的其它失效情况的概率很小。
15	25.1309(c)	(c) 必须提供警告信息，向机组指出系统的不安全工作情况并能使机组采取适当的纠正动作。系统、控制器件和有关的监控与警告装置的设计必须尽量减少可能增加危险的机组失误。
16	25.1309(d)	(d) 必须通过分析，必要时通过适当的地面、飞行或模拟器试验，来表明符合本条(b)的规定。这种分析必须考虑下列情况： (1) 可能的失效模式，包括外界原因造成的故障和损坏； (2) 多重失效和失效未被检测出的概率； (3) 在各个飞行阶段和各种运行条件下，对飞机和乘员造成的后果； (4) 对机组的警告信号，所需的纠正动作，以及对故障的检测能力。

表 5 - 8　适用于盥洗室灭火的条款

序号	条款	内　容
1	25.851(b)(1)(i)	(b) 固定式灭火器如果安装固定式灭火器，必须满足下列要求： (1) 每个固定式灭火系统的安装必须做到： (i) 使很可能进入载人舱的灭火剂不致危害乘员。
2	25.854(b)	必须在每个厕所内为每个收集毛巾、纸张或废弃物的废物箱配备固定式灭火器。灭火器必须设计成在某个废物箱内起火时，能自动向该废物箱喷射灭火剂。
3	25.1301(a)	所安装的每项设备必须符合下列要求： (a) 其种类和设计与预定功能相适应。
4	25.1301(b)	(b) 用标牌标明其名称、功能或使用限制，或这些要素的适用的组合。
5	25.1301(c)	(c) 按对该设备规定的限制进行安装。
6	25.1301(d)	(d) 在安装后功能正常。

（续表）

序号	条款	内　容
7	25.1309(a)	(a) 凡航空器适航标准对其功能有要求的设备、系统及安装,其设计必须保证在各种可预期的运行条件下能完成预定功能。
8	25.1309(b)	(b) 飞机系统与有关部件的设计,在单独考虑以及与其它系统一同考虑的情况下,必须符合下列规定: (1) 发生任何妨碍飞机继续安全飞行与着陆的失效情况的概率极小; (2) 发生任何降低飞机能力或机组处理不利运行条件能力的其它失效情况的概率很小。
9	25.1309(c)	(c) 必须提供警告信息,向机组指出系统的不安全工作情况并能使机组采取适当的纠正动作。系统、控制器件和有关的监控与警告装置的设计必须尽量减少可能增加危险的机组失误。
10	25.1309(d)	(d) 必须通过分析,必要时通过适当的地面、飞行或模拟器试验,来表明符合本条(b)的规定。这种分析必须考虑下列情况: (1) 可能的失效模式,包括外界原因造成的故障和损坏; (2) 多重失效和失效未被检测出的概率; (3) 在各个飞行阶段和各种运行条件下,对飞机和乘员造成的后果; (4) 对机组的警告信号,所需的纠正动作,以及对故障的检测能力。

表 5－9　盥洗室烟雾探测系统的条款

序号	条款	内　容
1	25.854(a)	厕所防火客座量等于或大于20座的飞机,必须满足下列厕所防火要求: (a) 每个厕所必须安装烟雾探测系统或等效装置,在驾驶舱内设置警告灯,或者在旅客舱设置空中服务员容易察觉的警告灯或音响警告。
2	25.1301(a)	所安装的每项设备必须符合下列要求: (a) 其种类和设计与预定功能相适应。
3	25.1301(b)	(b) 用标牌标明其名称、功能或使用限制,或这些要素的适用的组合。
4	25.1301(c)	(c) 按对该设备规定的限制进行安装。
5	25.1301(d)	(d) 在安装后功能正常。
6	25.1309(a)	(a) 凡航空器适航标准对其功能有要求的设备、系统及安装,其设计必须保证在各种可预期的运行条件下能完成预定功能。
7	25.1309(b)	(b) 飞机系统与有关部件的设计,在单独考虑以及与其它系统一同考虑的情况下,必须符合下列规定: (1) 发生任何妨碍飞机继续安全飞行与着陆的失效情况的概率极小;

序号	条款	内　容
		（2）发生任何降低飞机能力或机组处理不利运行条件能力的其它失效情况的概率很小。
8	25.1309(c)	（c）必须提供警告信息，向机组指出系统的不安全工作情况并能使机组采取适当的纠正动作。系统、控制器件和有关的监控与警告装置的设计必须尽量减少可能增加危险的机组失误。
9	25.1309(d)	（d）必须通过分析，必要时通过适当的地面、飞行或模拟器试验，来表明符合本条(b)的规定。这种分析必须考虑下列情况： （1）可能的失效模式，包括外界原因造成的故障和损坏； （2）多重失效和失效未被检测出的概率； （3）在各个飞行阶段和各种运行条件下，对飞机和乘员造成的后果； （4）对机组的警告信号，所需的纠正动作，以及对故障的检测能力。
10	25.1309(g)	（g）在表明电气系统和设备的设计与安装符合本条(a)和(b)的规定时，必须考虑临界的环境条件。民用航空规章规定具备的或要求使用的发电、配电和用电设备，在可预期的环境条件下能否连续安全使用，可由环境试验、设计分析或参考其它飞机已有的类似使用经验来表明，但适航当局认可的技术标准中含有环境试验程序的设备除外。

5.7.3　设计考虑

根据适航要求，客舱在设计时应采用以下设计原则和设计理念：

（1）系统应在所防护盥洗室内出现可见烟雾 1 min 内，在驾驶舱向飞行机组提供灯光和音响告警指示，同时在相应盥洗室内提供声音告警。

（2）当失去盥洗室烟雾探测功能时，应向飞行机组提供失效指示。

（3）当烟雾探测器内的灰尘含量超过正常值时，应在驾驶舱内给出指示，并点亮盥洗室烟雾探测器上的信号灯，提醒地面维护人员对其进行清洁。

（4）每个盥洗室都配置有固定式灭火瓶可以自动向盥洗室着火的废物箱喷射灭火剂。

（5）盥洗室废物箱灭火瓶的释放状态应方便检查。

5.7.4　试验验证

后盥洗室烟雾探测系统功能检查试飞。

试验时烟雾发生器放置在废物箱附近的地板上。申请人表示使用烟雾发生器将靠近废物箱位置的地板作为发烟位置是符合 AC25 - 9A 要求的，并且盥洗室烟雾探测器是安装在天花板上，烟雾发生器放置在地板上更加远离烟雾探测器，比废物箱的位置更加严酷。

根据试验过程中的经验,盥洗室烟雾探测功能检查试飞需要注意如下3点:

（1）在试验前需由申请人演示发烟设备的发烟量。

（2）烟雾发生器的位置需尽量靠近最可能的烟源或可以证明是更加严酷的位置。

（3）若发烟设备要求在飞机上使用明火,申请人需采取合理的安全措施并符合安全程序要求。

5.8　可燃液体排液设计

5.8.1　功能和作用

1）民用飞机着火三要素

可燃物、点火源和助燃剂是着火的三个基本要素。在正常状态下,每一要素或其中两个要素应以受控状态存在,但由于功能失常或意外事故,使某要素或组合要素脱离受控状态,使得这三个基本要素同时存在,构成潜在着火危险。

飞机上通常存在的可燃物包括燃油、润滑油和酯类液体、液压油、酒精和水的混合物、塑胶材料、复合材料、密封剂和绝缘/隔离涂层等。

点火源为一种热源,预期会在飞机运行和环境条件下产生,该热源有足够的温度和能量点燃可燃材料。

名义点火源是与故障状态无关的点火源。

潜在点火源是与故障状态有关的点火源。

AC25.863草案规定了设备的表面温度为可燃物自燃点50°F以下时,可以认为该温度不会成为可燃物的点火源。

飞机上的点火源通常包括热表面、热流体、火花/电弧和明火等。

2）可燃液体防火设计和验证考虑

民用飞机可燃液体防火安全关注的是飞机上可能因飞机系统产生可燃液体泄漏而溢出的区域,这些区域不包括通常情况下存在可燃液体的区域,如可燃液体系统的油箱内部,相关的部件或管路内部等,以及与飞机系统无关的可燃液体存在区域,如货舱、行李舱、个人携带物和座舱储藏室等。

因此在飞机设计初期,应根据飞机上各区域内可燃液体泄漏源及点火源的分布情况和特征,对飞机进行防火区域划分,根据不同区域内可燃液体与点火源的存在方式和特性,采取相应的防火措施,并通过相应的分析和验证,表明各区域的防火安全设计水平达到了可接受的程度。

增压舱内不应存在可燃液体泄漏,在可燃液体防火安全设计中通常不予考虑。可燃区为油箱区域,通过"燃油箱点燃防护"的相关条款进行设计和验证,在可燃液体防火安全设计中也不予考虑。

5.8.2　适航要求

适用于可燃液体防火的条款为 CCAR25.863,条款内容如下:

第 25.863 条可燃液体的防火

(a) 凡可燃液体或蒸气可能因液体系统渗漏而逸出的区域,必须有措施尽量减少液体和蒸气点燃的概率以及万一点燃后的危险后果。

(b) 必须用分析或试验方法表明符合本条(a)的要求,同时必须考虑下列因素:

(1) 液体渗漏的可能漏源和途径,以及探测渗漏的方法;

(2) 液体的可燃特性,包括任何可燃材料或吸液材料的影响;

(3) 可能的引燃火源,包括电气故障,设备过热和防护装置失效;

(4) 可用于抑制燃烧或灭火的手段,例如截止液体流动,关断设备,防火的包容物或使用灭火剂;

(5) 对于飞行安全是关键性的各种飞机部件的耐火耐热能力。

(c) 如果要求飞行机组采取行动来预防或处置液体着火(例如关断设备或起动灭火瓶),则必须备有迅速动作的向机组报警的装置。

(d) 凡可燃液体或蒸气有可能因液体系统渗漏而逸出的区域,必须确定其部位和范围。

泄漏的可燃液体点燃是导致飞机上发生着火的一个常见原因。CCAR25.863 规定了对于飞机上存在可燃液体泄漏的区域的可燃液体防火要求。条款要求将泄漏的可燃液体的点燃概率以及一旦点燃后产生的危害均减至最小。对于动力装置安装,减少泄漏的可燃液体着火可能性的一个主要措施是:按照 CCAR25.1187 对于指定火区的要求,通过安全地将液体排出机外以防止可燃液体积聚(不管是在空中或地面),以及提供足够的通风措施以防止可燃蒸气的积聚和可燃混合物的形成。

5.8.3　设计考虑

1) 可燃液体防火区域划分

根据第 25.863 条的要求,参考 AC25.863 草案建议的方法,ARJ21 - 700 飞机全机区域划分为以下 6 个类型:

(1) 指定火区,包括发动机舱和 APU 舱。

(2) 邻近指定火区,包括吊挂区域(由一道防火墙与发动机舱隔开)。

(3) 起落架舱,包括前起落舱和主起落舱。

(4) 可燃液体泄漏区,包括 RAT 舱、翼身整流鼓包、垂直安定面和方向舵、水平安定面和升降舵、机翼前缘、机翼后缘-内段、机翼后缘-外段、翼梢小翼、襟翼支臂整流罩及后附件舱(除 APU 舱)。

(5) 可燃区,包括中央翼和外翼盒段。

(6) 增压舱,包括座舱、电子电气设备舱和其他增压舱。其中,座舱包括驾驶舱和客舱(电源中心、前服务区、旅客区和后服务区)。电子电气设备舱即 EE 舱。其他增压舱包括前货舱、后货舱、前附件舱、中部设备舱和再循环风扇舱。

2) 泄漏源和点火源

根据 AC25.863 草案,ARJ21 - 700 飞机各区域的可燃液体泄漏源包括燃油单层管连接、机身内燃油箱口盖、含燃油设备的连接、液压管内旋压无扩口连接、含液压油设备的连接。

这些口盖或连接在日常维护或某些故障状态下,可能产生的泄漏率较低的渗/滴漏,通常是由接头连接处的管螺母未拧紧或密封圈失效等造成的,属于可燃液体泄漏源。

ARJ21 - 700 飞机各区域可能存在的点火源如表 5 - 10 所示。

表 5 - 10　点 火 源 类 型

点火源形式	明火	火花/电弧	热表面	热流体
名义点火源	尾喷管点火		发动机机匣、尾喷管、排气管、机轮	高温排气
潜在点火源	发动机喘振	电气设备和电缆,电气接线端	热引气管路、防冰管路	高温引气

3) 各区域可燃液体防火设计考虑

增压区采取了隔离措施,无可燃液体泄漏源,不属于可燃液体防火设计和验证范围。针对邻近指定火区、起落架舱和可燃液体泄漏区,可燃液体防火设计考虑如下。

(1) 吊挂。

吊挂区设备及部件涉及防火系统、燃油系统、液压系统、气源系统、发动机反推力液压系统和布线系统。

可燃液体泄漏源主要包括液压能源系统管路(液压管路)接头和反推力液压系统管路接头。燃油系统管路为双层管路,其接头不作为泄漏源。

吊挂区域内无名义点火源,潜在点火源有风扇空气阀(火花/电弧)、布线部件(火花/电弧)和气源管路(热流体和热表面)。

按 AC25.863 草案,区域内的电气部件均通过 RTCA DO - 160 第 9 章防爆鉴定,可用来表明其正常工作状态下不会产生电火花。

吊挂内液压管路正下方未布置线缆及电气部件,以避免可燃液体意外泄漏滴落到电气部件或线缆上引起火灾。液压管路与用电设备和线缆等可能的点火源保持足够的分离距离。线缆及电气部件与液压管路最小间距符合 AC25.863 草案的要求。吊挂与发动机/短舱火区通过防火墙进行隔离,系统管线路穿过防火墙均采用防火密封。吊挂区域内线缆的布置满足线束敷设安装通用技术要求,舱内线缆均采用热收缩管和屏蔽套进行隔离防护,避免其影响或接触到可燃液体管路。

每侧吊挂下蒙皮开有进气口和出气格栅,吊挂底部的排液孔可起到一定的通风作用。吊挂内部由内外侧封闭肋和后梁封闭面隔离出容纳系统设备和管路的独立空间,吊挂内部的所有高温设备及可燃液体泄漏源均位于其内,由进气口和出气格栅对该区域进行通风。

吊挂前缘区域的可燃液体在吊挂内部进行收集,并通过中后机身内部导流管引流至后附件舱排液孔附近,与后附件舱可燃液体一同排放。

吊挂区域内安装引气泄漏过热探测器,气源导管过热探测器采用双回路设计,能够提供不间断的监控。当探测到环境温度高于设定值时,给出告警信号,并在驾驶舱提供告警信息,通知机组人员关断发生泄漏的气源管路。

(2) 后附件舱(除 APU 舱外)。

后附件舱(除 APU 舱)内布置的部件涉及空气管理系统(AMS 系统)、航电内话系统、照明系统、防火系统、燃油系统、液压系统、气源系统、防冰系统和布线系统。

区域内的泄漏源主要有 1♯、2♯ 液压能源系统元件接头和 1♯、2♯、3♯ 液压系统管路接头。对于从 APU 舱上方经过的液压管路,在其从 APU 舱前防火墙开始直到进入尾翼的管路上,管路连接均为死接头,无泄漏源,不会发生可燃液体滴落在 APU 舱上的情况。

后附件舱(APU 舱)内无名义点火源,潜在点火源主要为空调和气源系统组件和传感器(火花/电弧)及可能泄漏的热流体、航电系统内话插孔板(火花/电弧)、液压切断阀和电动泵及相关组件(火花/电弧)、防冰系统传感器和阀(火花/电弧)及防冰导管(热表面)、照明系统的灯和电源组件等(火花/电弧),以及布线系统的线束(火花/电弧)。

按 AC25.863 草案,区域内的电气部件均通过 RTCA DO - 160 第 9 章防爆鉴定,可用来表明其正常工作状态下不会产生电火花。区域内线缆的布置满足线束敷设安装通用技术要求,舱内线缆均采用热收缩管和屏蔽套进行隔离防护,避免其影响或接触到可燃液体管路。

液压管路与用电设备、引气导管、防冰导管及线缆等可能的点火源保持足够的分离距离,最小间距大于 1 in。大部分液压管路均布置在线缆、引气导管和防冰导管下方与用电设备两侧,避免可燃液体滴落在上面而起火。少量线缆会从液压管路下方穿过,这些线缆均与上方的液压管路呈一定夹角,而不是平行布置,以降低可燃液体滴落到线缆上的风险。

区域通风设计采用在舱门两侧无可燃液体扫略的区域开四个格栅,以降低舱内温度,并且避免可燃蒸气积聚。

区域内的可燃液体通过内部导流引导至球面框后方机身对称面的位置,通过底部排液孔排放至外部导流条并引导至排放杆集中排放。

区域内安装有引气泄漏过热探测器,用于探测导管可能的泄漏引起的环境温度过高。过热探测器采用双回路设计,能够提供不间断的监控,当探测到环境温度过高时,给出告警信号,并在驾驶舱提供告警信息,通知机组人员关断发生泄漏的导管。

（3）前起落架舱。

前起落架舱内布置部件涉及起落架系统、照明系统和布线。前起落架支撑主体材料为金属,具有良好耐热耐火性能。

区域内安装的前轮转弯系统的转弯控制阀和相关液压导管以及起落架收放系统的液压导管等的接头为可能的泄漏源。

前起落架舱内名义点火源为高温状态机轮组件（热表面）,潜在点火源包括顶灯、呼叫喇叭、固定式着陆灯、固定式滑行灯和布线线束。

前起落架舱内相关的电气部件通过了 RTCA DO－160 第 9 章的防爆鉴定,前起落架舱顶灯外部有金属灯罩对其进行防护,大大降低了其因意外撞击而破裂的可能。前起落架舱内所有用电设备均有合理的电搭接设计,避免产生电火花。

前起落架舱内的电缆主要是沿着前起落架侧壁板进行敷设。液压管路正下方未布置布线线缆及电气部件,以避免液压油意外泄漏滴落到电气部件或线缆上引起火灾。液压管路与布线线缆及电气部件保持足够的分离距离,且有良好的固接措施,不会相互摩擦而导致线缆的磨损。

前起落架舱为非增压舱。前起落架放下时,舱内与外界大气完全相通;前起落架收上时,舱门关闭,机轮与机身结构相贴合,会一定程度上封闭前起落架舱,但仍会与外界大气有一定的气流通量,可保证前起落架舱段的通风,避免可燃蒸气积聚。

飞机处于地面状态时,此舱门常开,舱内不会有液体聚集。飞机起飞后,才会关闭。前起落架舱内未布置排水、排液孔。但飞机在空中飞行中,即使有液体泄漏,待到降落前,液体也会随起落架舱门打开而自然而然排除到飞机之外。

（4）主起落架舱。

主起落架舱内布置的部件涉及结构、起落架、液压、空气管理、燃油、飞控、航电、防火、照明和布线等 10 多个系统。主起落架支撑主体材料为钢,具有良好的耐热、耐火性能。

区域内泄漏源主要为液压能源系统、起落架系统和飞控系统包含液压油的设备及管路接头。

主起落架舱内,起落架系统有名义点火源,防冰系统、航电系统、飞控系统、照明系统和布线系统包含潜在点火源。

主起落架舱相关的电气部件均通过了 RTCA DO－160 第 9 章防爆鉴定,内话板上的耳机插孔和话筒插孔为 TSO 件,正常空闲状态下插孔处于断路状态,无电流流过。主起落架舱顶灯外部有金属灯罩对其进行防护,大大降低了其因意外撞击而破裂的可能。主起落架舱内所有用电设备均有合理的电搭接设计,避免产生电火花。

液压管路、燃油导管与主机轮、用电设备、防冰导管及线缆等可能的点火源保持足够的分离距离,最小间距大于 1 in。大部分液压管路均布置在线缆下方与主机轮两侧,避免可燃液体滴落在线缆或主机轮上而起火。少量线缆从起落架控制系统的液压管路下方穿过,这些线缆均与上方的液压管路呈一定夹角,而不是平行布置,以降低可燃液体滴落到线缆上的风险。

主起落架舱为非增压舱,且与机翼上的主三角区相通。主起落架放下时,舱内与外界大气完全相通。主起落架收上时,机翼上的舱门关闭,主起落架舱仍会与外界大气有一定的气流通量。这种设计一方面可降低舱内温度,另一方面也可避免可燃蒸气积聚。

主起落架舱内的排液通路为将主起落架舱内的液体导流到机身对称面上,通过底部排液孔导入整流罩外侧收集导管,再通过排液杆排放出机体外。

主起落架舱内安装了引气泄漏过热探测器和主起落架舱过热探测器。主起落架舱过热探测器采用双回路设计,能够提供不间断的监控。当探测到环境温度高于设定值时,给出告警信号,并在驾驶舱提供告警信息,通知机组人员将主起落架放下,进行冷却。

(5) RAT 舱。

RAT 舱内布置部件涉及电源系统和布线等系统。

RAT 舱内包含可燃液体的部件为释放作动器(含软管)。作动器的软管采用可拆卸连接件,连接处通常会由于磨损或密封失效而存在泄漏的风险。

RAT 舱内不存在名义点火源,潜在点火源为 RAT 发电机和布线线束,类型为火花/电弧。

RAT 舱内相关的电气部件均通过了 RTCA DO‑160 第 9 章防爆鉴定。

RAT 舱内释放作动器(含软管)上各可燃液体泄漏点,与 RAT 发电机和线缆都保持了足够的分离距离。

RAT 舱是非气密区,外界大气可由结构安装缝隙进入 RAT 舱内部,提供一定的通风量,可避免可燃蒸气积聚,同时也可以降低舱内的环境温度。

RAT 舱内,通过结构搭建的间隙形成排水、排液的通路。液体可穿过起落架舱壁,流到前起落架舱。

(6) 翼身整流鼓包。

翼身整流鼓包是位于主起舱前后与两侧机翼相连接的鼓包区域,该区域布有液压、防冰、起落架和布线的设备及部件。

翼身整流鼓包区域临近中央翼油箱,其中含可燃液体的设备及部件有3♯液压系统的油箱及管路、起落架控制系统液压管路和中央翼燃油口盖,口盖和管路接头为可能的泄漏源。

在翼身整流鼓包中,无名义点火源。液压系统、防冰系统、起落架系统、照明系统和布线存在潜在点火源。

区域内相关的电气部件均通过了 RTCA DO-160 第 9 章防爆鉴定。

区域内的防冰管路布置在翼下,不与任何液压管平行上下布置,避免接触滴落的可燃液体。防冰管路与液压管保持足够距离,最小距离大于 1 in,防冰管路的布置还尽量避开了中央翼油箱的燃油箱口盖和燃油泵,避免接触渗漏的燃油。

翼身整流鼓包区域通风良好的,可降低区域内温度并避免可燃蒸气积聚。

前部整流罩每个隔框框段内在最低点均开有排液口,侧部的液体可以通过纵向件的下陷流入排液口,翼身整流罩其他区域的可燃液体在结构内部收集至机身对称面,由机身对称面上的排液孔排至外部导流条,并由排放杆集中排放。

(7)垂直安定面和方向舵。

垂直安定面和方向舵位于后机身尾部上方,区域内布置的设备涉及飞控系统、液压系统、通信系统、照明系统、导航系统和电线电缆等。

区域内可燃液体泄漏源为液压能源系统 1♯、2♯、3♯ 管路的接头。

区域内不存在名义点火源,潜在点火源包括水平安定面配平作动器(火花/电弧)、方向舵作动器(火花/电弧)、后航行频闪灯(火花/电弧)、后航行频闪灯电源盒(火花/电弧)、高频天线耦合器(火花/电弧)、高频天线馈线(火花/电弧)和布线部件(火花/电弧)。

区域内相关的电气部件均通过了 RTCA DO-160 第 9 章防爆鉴定。

区域内液压管路与用电设备及线缆保持足够的分离距离,最小距离大于 1 in,液压管路和线缆有良好的固接措施,不会相互摩擦而导致线缆的磨损。所有电气部件均有合理的电搭接设计。

垂直安定面和方向舵区域是非气密区,外界大气可由结构安装缝隙进入垂直安定面和方向舵区域内部,提供一定的通风量,可避免可燃蒸气积聚。

可燃液体泄漏点主要集中在垂尾后梁腹板的外侧,大部分可燃液体泄漏可直接排出机外。

(8)水平安定面和方向舵。

水平安定面和升降舵位于后机身尾部,垂尾和方向舵的上方,区域内布置部件涉及飞控系统、液压系统、照明系统和布线系统等。

区域内可燃液体泄漏源为液压能源系统 1♯、2♯、3♯ 管路的接头。

水平安定面和升降舵区域内无名义点火源,潜在点火源有升降舵作动器、升降舵舵面位置传感器、标志灯和布线部件等。

区域内相关的电气部件均通过了 RTCA DO‑160 第 9 章防爆鉴定。

区域内液压管路正下方区域均未布置电子电气部件或布线线束。液压管路与电气部件的最小间距大于 1 in，液压管路和布线线缆都有良好的固接措施，不会相互摩擦而导致线缆的磨损，且所有电气部件均有合理的电搭接设计。

水平安定面和升降舵区域是非气密区，外界大气可由结构安装缝隙进入水平安定面和升降舵区域内部，提供一定的通风量，可避免可燃蒸气积聚。

水平安定面和升降舵区域每个独立隔段均存在排液孔，可满足可燃液体排放需求。

（9）机翼前缘。

机翼前缘位于机翼油箱前部，包含固定翼及前部作动部件，该区域布有飞控、燃油、防冰和布线的设备及部件。

区域内含可燃液体的设备及部件有加油电磁阀、加油压力信号器、出油箱连接加油电磁阀管路（单层燃油管）和出油箱连接加油压力信号器管路（单层燃油管）。

在机翼前缘区，无名义点火源，飞控系统传感器（火花/电弧）、燃油系统传感器和电磁阀（火花/电弧）、防冰系统管路（热流体/热表面）、布线线束（火花/电弧）为潜在点火源。

区域内相关的电气部件均通过了 RTCA DO‑160 第 9 章防爆鉴定。

区域内燃油管路与环控电气设备、环控防冰管路及布线线缆保持足够的分离距离。泄漏源与线缆、防冰管路、电气设备的最小距离均大于 1 in，机翼前缘泄漏源的正下方没有任何点火源。

机翼前缘直接与大气连通，有良好的通风，可降低区域温度并避免可燃蒸气积聚。

机翼前缘每个隔舱的最低处（加强隔板根部）均设置了一个排液孔。

（10）机翼后缘。

机翼后缘位于机翼油箱后部，包含固定翼及作动部件，分为机翼后缘内段、外段和翼身支臂整流罩。

机翼后缘内段设置了飞控、液压和布线的设备及部件。其中含可燃液体的设备及部件如地面扰流板作动器（飞控系统）、地面扰流板的液压导管（飞控系统）、襟翼舱和作动器液压导管（液压系统），其液压导管接头为可燃液体泄漏源。区域内无名义点火源。潜在点火源有地面扰流板接近开关（飞控系统）和机翼后缘线束（布线），点火源为火花/电弧类型。

机翼后缘外段设置了飞控、液压和布线的设备及部件，其中含可燃液体的设备及部件如扰流板作动器（飞控系统）、液压旋转接头（飞控系统）和作动器的液压导管（液压系统），其液压导管接头为可燃液体泄漏源。该区域内无名义点火源，飞控系统作动器和传感器（火花/电弧）以及布线线束（火花/电弧）为潜在点火源。

　　翼身支臂整流罩内包含的部件为飞控系统的作动器和襟翼倾斜传感器。翼身支臂整流罩中无泄漏源,无名义点火源,潜在点火源为4个襟翼倾斜传感器。

　　区域内相关的电气部件均通过了 RTCA DO‑160 第9章防爆鉴定。

　　区域内点火源不在泄漏源正下方,避免接触滴落的可燃液体,各传感器与泄漏源的最小距离大于1 in,线缆与液压导管有良好的固接措施,不会相互摩擦而导致线缆的磨损。

　　机翼后缘均与外界大气连通,为开敞区域,有良好的通风,可降低区域内温度并避免可燃蒸气积聚。

　　机翼后缘内段,每个加强隔板根部都布有一个排液孔,在两个隔板之间,液体汇集到最低处后,通过排液孔排到机外。

　　机翼后缘外段,每个加强隔板根部都布有一个排液孔,在两个隔板之间,液体汇集到最低处后,通过排液孔排到机外。

　　翼身支臂整流罩内若有液体流入,液体会在最低处通过整流罩缝隙排到机外,无法在机体内积聚。

　　(11) 翼梢小翼。

　　翼梢小翼位于机翼最外侧的翼尖部分,区域内包含翼尖频闪灯、翼尖航行灯和灯罩。

　　翼梢小翼中无泄漏源。

　　翼梢小翼中无名义点火源,潜在点火源为翼尖频闪灯和翼尖航行灯。

　　区域内照明系统的相关电气部件均通过了 RTCA DO‑160 第9章防爆鉴定。

　　翼尖频闪灯和翼尖航行灯被放置在小翼前部一个由肋板隔开的空间,这一空间通过隔板与机翼后缘隔离,使机翼后缘液体无法流入此空间。另外,前缘泄漏源被安置在翼根附近的单独隔舱内,不会外泄可燃液体。因此,频闪灯和航行灯不会接触可燃液体。

5.8.4　试验验证

　　全机可燃液体泄漏区排液地面研发试验包括机翼前后缘、吊挂翼身鼓包(包括主起落架舱)和后设备舱区域,地面验证试验区域包括翼身鼓包(包括主起落架舱)和后设备舱区域,排液飞行研发和验证试验区域包括吊挂、翼身鼓包(包括主起落架舱)和后设备舱区域。

5.8.5　关键技术

　　民用飞机可燃液体泄漏区排液设计与验证技术,主要关键在于下述几点。

　　(1) 民用飞机防火区域划分方法。

　　(2) 民用飞机可燃液体泄漏区排液路径设计和分析方法。

　　(3) 民用飞机可燃液体泄漏区排液地面试验和飞行试验的方法、程序和判据。

（4）民用飞机可燃液体防火区域安全分析方法。

参考文献

中国民用航空局.CCAR25 运输类飞机适航标准［S］.中国民用航空局,2001.

缩　略　语

缩略语	英文名称	中文名称
AC	advisory circular	咨询通告
ADC	air data computer	大气数据计算机
AGB	accessory gear box	附件齿轮箱
APU	auxiliary power unit	辅助动力装置
ARINC	Aeronautical Radio Incorporated	航空无线电公司(美国)
ARP	aerospace recommended practice	宇航推荐实施标准
ATTCS	automatic takeoff thrust control system	起飞推力自动控制系统
BSG	brushless starter generator	无刷起动发电机
CAAC	Civil Aviation Administration of China	中国民用航空管理局
CAS	crew alerting system	机组告警系统
CCA	common cause analysis	共因故障分析
CCAR	China Civil Aviation Regulations	中国民用航空规章
CFR	Code of Federal Regulations	联邦法典(美国)
CMS	central maintenance system	中央维护系统
DAL	development assurance level	研制保证等级
EASA	European Aviation Safety Agency	欧洲航空安全局
ECP	engine configuration plug	发动机构型插头
ECP	engineering change proposal	工程更改建议
ECS	environment control system	环境控制系统
EGT	engine gas temperature	发动机燃气温度
EGT	exhaust gas temperature	排气温度
EICAS	engine indication and crew alerting system	发动机指示和机组告警系统
EICAS	engine indication and crew alerting system	发动机指示与机组告警

系统

EICU	engine interface control unit	发动机接口控制单元
ESC	electronic start controller	电起动控制器
EVMU	engine vibration monitor unit	发动机振动监控单元
FAA	Federal Aviation Administration	(美国)联邦航空管理局
FADEC	full authority digital electronic controller	全权限数据电子控制器
FADEC	full authority digital engine control	全权数字式发动机控制
FAR	Federal Aviation Regulation	联邦航空条例(美国)
FCU	fuel control unit	燃油控制模块
FHA	function hazard analysis	功能危害分析
FMEA	failure modes and effects analysis	故障模式与影响分析
FMU	fuel metering unit	燃油测量装置
FOCU	fire and overheat control unit	火警过热控制盒
FQC	fuel quantity computer	燃油计算机
FTA	fault tree analysis	故障树分析
GEAE	General Electric Aircraft Engines	通用电气飞机发动机公司
GSE	ground support equipment	地面支援设备
HPSOV	high-pressure shut off valve	高压关断阀门
HPTACC	high pressure turbine active clearance control	高压涡轮间隙控制作动器
HPV	high pressure valve	高压阀
HRD	high rate discharge	高速释放
JDP	joint definition phase	联合定义阶段
KA	Kidde Aerospace & Defense	KA 公司
LRD	low rate discharge	低速释放
MES	main engine start	主发起动
MOC	mean of compliance	符合性方法
MSG - 3	maintenance steering group-3	维修指导小组-第三特别工作组制定的分析方法
NACA	National Advisory Committee for Aeronautics	国家航空咨询委员会(美国)
NTSB	National Transportation Safety Board	(美国)国家运输安全委员会
PBA	push button switch	按压开关(带指示灯)
PDR	preliminary design review	初步设计评审

PRSOV	pressure regulating and shut off valve	压力调节和切断阀
PSE	primary structural element	重要结构元件
RAT	ram air turbine	冲压空气涡轮
RPM	revolutions per minute	每分钟转速
RTCA	Radio Technical Commission for Aeronautics	航空无线电技术委员会
RVDT	rotary variable differential transducer	旋转可变差动传感器
SAE	Society of Automotive Engineers	机动车工程师协会（美国）
SOI	system operator instructions	系统操作员说明书
TBV	transient bleed valve	瞬态放气阀
TCQ	throttle control quadrant	油门操纵杆弧座
TIA	type inspection approval	型号检查批准
TLA	throttle level angle	油门杆角度
TSO	technical standard order	技术标准规定
VBV	variable bleed valve	可调放气阀
VSV	variable stator vane	可调定子叶片

索　引

大飞机出版工程
书　目

一期书目（已出版）

《超声速飞机空气动力学和飞行力学》（译著）

《大型客机计算流体力学应用与发展》

《民用飞机总体设计》

《飞机飞行手册》（译著）

《运输类飞机的空气动力设计》（译著）

《雅克-42M 和雅克-242 飞机草图设计》（译著）

《飞机气动弹性力学和载荷导论》（译著）

《飞机推进》（译著）

《飞机燃油系统》（译著）

《全球航空业》（译著）

《航空发展的历程与真相》（译著）

二期书目（已出版）

《大型客机设计制造与使用经济性研究》

《飞机电气和电子系统——原理、维护和使用》（译著）

《民用飞机航空电子系统》

《非线性有限元及其在飞机结构设计中的应用》

《民用飞机复合材料结构设计与验证》

《飞机复合材料结构设计与分析》（译著）

《飞机复合材料结构强度分析》

《复合材料飞机结构强度设计与验证概论》

《复合材料连接》

《飞机结构设计与强度计算》

三期书目（已出版）

《适航理念与原则》

《适航性：航空器合格审定导论》(译著)

《民用飞机系统安全性设计与评估技术概论》

《民用航空器噪声合格审定概论》

《机载软件研制流程最佳实践》

《民用飞机金属结构耐久性与损伤容限设计》

《机载软件适航标准 DO‐178B/C 研究》

《运输类飞机合格审定飞行试验指南》(编译)

《民用飞机复合材料结构适航验证概论》

《民用运输类飞机驾驶舱人为因素设计原则》

四期书目(已出版)

《航空燃气涡轮发动机工作原理及性能》

《航空发动机结构强度设计问题》

《航空燃气轮机涡轮气体动力学：流动机理及气动设计》

《先进燃气轮机燃烧室设计研发》

《航空燃气涡轮发动机控制》

《航空涡轮风扇发动机试验技术与方法》

《航空压气机气动热力学理论与应用》

《燃气涡轮发动机性能》(译著)

《航空发动机进排气系统气动热力学》

《燃气涡轮推进系统》(译著)

《燃气涡轮发动机的传热和空气系统》

五期书目(已出版)

《民机飞行控制系统设计的理论与方法》

《民机导航系统》

《民机液压系统》(英文版)

《民机供电系统》

《民机传感器系统》

《飞行仿真技术》

《民机飞控系统适航性设计与验证》

《大型运输机飞行控制系统试验技术》

《飞行控制系统设计和实现中的问题》(译著)

《现代飞机飞行控制系统工程》

六期书目（已出版）

《民用飞机构件先进成形技术》

《民用飞机热表特种工艺技术》

《航空发动机高温合金大型铸件精密成型技术》

《飞机材料与结构检测技术》

《民用飞机构件数控加工技术》

《民用飞机复合材料结构制造技术》

《民用飞机自动化装配系统与装备》

《复合材料连接技术》

《先进复合材料的制造工艺》（译著）

七期书目（已出版）

《支线飞机设计流程与关键技术管理》

《支线飞机验证试飞技术》

《支线飞机电传飞行控制系统研发及验证》

《支线飞机适航符合性设计与验证》

《支线飞机市场研究技术与方法》

《支线飞机设计技术实践与创新》

《支线飞机项目管理》

《支线飞机自动飞行与飞行管理设计与验证》

《支线飞机电磁环境效应设计与验证》

《支线飞机动力装置系统设计与验证》

《支线飞机强度设计与验证》

《支线飞机结构设计与验证》

《支线飞机环控系统研发与验证》

《支线飞机运行支持技术》

《ARJ21‑700 新支线飞机项目发展历程、探索与创新》

《飞机运行安全与事故调查技术》

《基于可靠性的飞机维修优化》

《民用飞机实时监控与健康管理》

《民用飞机工业设计的理论与实践》

国际版

《动态工程系统的可靠性分析：快速分析法和航空航天应用》（英文版）

《商用飞机液压系统》（英文版）

《涡量空气动力学原理》(英文版)

《基于可靠性的飞机维修优化和应用》(英文版)

复合材料手册系列

《聚合物基复合材料——结构材料表征指南》(译著)

《聚合物基复合材料——材料性能》(译著)

《聚合物基复合材料——材料应用、设计和分析》(译著)

《复合材料夹层性能》(译著)

《夹层结构手册》(译著)

《金属基复合材料手册》(译著)

民机系统工程与项目管理丛书

《商用飞机系统工程》(译著)

《中国商用飞机有限责任公司系统工程手册》

《飞机设计——基于系统工程方法》(译著)

航空市场及运营管理研究系列

《民用飞机设计及飞行计划理论》

《民用飞机销售支援与客户价值》

《商用飞机经济性》

《民用飞机选型与客户化》

《民用飞机销售支援定性与定量模型》

其他

《民机空气动力设计先进技术》

《飞机客舱舒适性设计》

《上海民用航空产业发展研究》

《政策法规对民用飞机产业发展的影响》

《特殊场务条件下的民机飞行试验概论》

《国际航空法》(译著)

《民用飞机飞行试验风险评估指南》

《现代飞机飞行动力学与控制》

《英汉航空技术缩略语词典》

《运输类飞机驾驶舱人为因素设计评估指南》

《推进原理与设计》

《工程师用空气动力学》

《飞机喷管的理论与实践》(译著)

《大飞机飞行控制律的原理与应用》(译著)

《飞艇设计技术》

论文集

《航空公司运营经济性分析与飞行设计》

《民用驾驶舱人机工效综合仿真理论与方法研究》

《民用飞机设计与运营经济性及成本指数》

《商用飞机技术经济性》